高职高专电子信息类专业系列教材

电路与电子技术实验教程

主　编　王贺珍　田　芳
副主编　赵月恩　潘　慧　王贵双

西安电子科技大学出版社

内 容 简 介

  本书以"够用、实用"为目标,将实用电工电路、模拟电子技术和数字电子技术三大部分的知识点融合于 26 个实验和 8 个实训中。本书主要介绍了电工安全用电模块、电路基本定律的验证、常用半导体器件的检测、基本门电路逻辑功能测试、集成触发器及应用、集成计数器及应用等内容。同时,每部分介绍了常用实验仪器的使用方法,并在三部分综合实训中设计了与理论相对应的有趣的实训内容。

  本书将枯燥的理论与有趣的实验紧密结合起来,具有较强的实用性,可作为高职高专院校电子信息类、物联网、通信类、计算机类、机电类和人工智能等相关专业的实验教学用书,也可供成人职业教育、职业技能培训和相关工程技术人员参考。

图书在版编目(CIP)数据

电路与电子技术实验教程/王贺珍,田芳主编. —西安:西安电子科技大学出版社,2020.7
ISBN 978 - 7 - 5606 - 5703 - 5

Ⅰ. ①电… Ⅱ. ①王… ②田… Ⅲ. ①电路—实验—高等职业教育—教材 ②电子技术—实验—高等职业教育—教材 Ⅳ. ①TM13 - 33 ②TN - 33

中国版本图书馆 CIP 数据核字(2020)第 091327 号

策划编辑	秦志峰
责任编辑	王 瑛
出版发行	西安电子科技大学出版社(西安市太白南路 2 号)
电 话	(029)88242885 88201467 邮 编 710071
网 址	www.xduph.com 电子邮箱 xdupfxb001@163.com
经 销	新华书店
印刷单位	咸阳华盛印务有限责任公司
版 次	2020 年 7 月第 1 版 2020 年 7 月第 1 次印刷
开 本	787 毫米×1092 毫米 1/16 印 张 10.5
字 数	243 千字
印 数	1~2000 册
定 价	26.00 元

ISBN 978 - 7 - 5606 - 5703 - 5/TM

XDUP 6005001 - 1

* * * 如有印装问题可调换 * * *

前　言

本书是编者在多年从事电路与电子技术理论和实践教学的基础上编写的。在编写过程中，编者积极响应项目化教学的课程改革，并充分考虑高职高专学生的特点、知识结构和培养目标等要求，以职业实践为主线，以项目课程为主体的模块化实验教学思路作导向，结合课程理论内容，将主要实验内容分为基础性实验、综合性实验、设计性实训实验三个层次，以满足不同层次学生学习需求。

本书力求突出以下特点：

(1) 利用 26 个实验将电工电路、模拟电子技术、数字电子技术三门课程抽象的理论与实际应用有机地结合起来，实验内容由易到难，以提高学生学习、探索的兴趣。

(2) 本书设计了 8 个实训项目：分压器的设计、万用表的设计与组装、声控小夜灯的设计与制作、电子助记器的设计与制作、心形循环灯的设计与安装、晶体管收音机的组装、智力抢答器的设计与制作和数字电子钟的设计与制作，旨在引导学生掌握开放性的思维方法，加深学生对基本概念和基础知识的理解，培养学生分析问题和解决问题的能力，提高其综合素质。

本书由石家庄邮电职业技术学院智能工程系王贺珍、田芳担任主编，赵月恩、潘慧、王贵双担任副主编。王贺珍编写知识链接一及项目一，田芳编写项目二和项目三，赵月恩编写知识链接二及项目四、项目五，潘慧编写知识链接三及项目六，王贵双编写项目七到项目九。全书由王贺珍统稿。

本书在编写过程中得到了石家庄邮电职业技术学院智能工程系领导、老师的关心和大力支持，在此表示衷心的感谢！

由于编者水平有限，书中疏漏之处在所难免，敬请广大读者批评指正。

编　者
2020 年 2 月

目　录

第一部分　实用电工电路

第二部分　模拟电子技术

第一部分

实用电工电路

知 识 链 接 一

一、安全用电基础知识

安全用电主要包括供电系统的安全用电、实验设备的安全用电和人身安全用电三个方面，这三者之间紧密联系。供电系统的故障可能直接导致实验设备的损坏和人身伤亡事故。

（一）安全用电

用电过程中，必须注意用电安全，稍有疏忽，就可能造成严重的人身触电事故和不可避免的财产损失。

实验室是用电比较集中的地方，人员多、设备多、线路多，实验室的安全用电是一个非常重要的问题。违章用电常常可能造成人身伤亡、火灾、仪器设备损坏等严重教学事故。为了保证学生、教师和国家财产的安全，保证教学、科研工作的正常开展，在做实验时，必须严格遵守实验室安全用电制度和操作规程。

1. 防止触电

（1）禁止用潮湿的手接触各种电子仪器仪表及各种用电设备，更不要用湿布擦拭所有用电设备。

（2）插拔电源插头时不要用力拉拽电线，以防电线的绝缘层受损造成触电；若电线的绝缘皮剥落，则应及时更换新线或者用绝缘胶布包好。

（3）所有仪器仪表及各种用电设备的金属外壳都应该保护接地。

（4）在实验过程中，如果发现仪器的电源插头有松动现象或插头不能完全插入插座内，应立即报告老师，由老师处理，禁止带电私自修理。

（5）在连接电路或更改电路时，应该先断开仪器仪表的电源；当电路连接完毕或更改完毕后，经过同组人检查无误后再接通电源。实验结束时，应先切断电源再拆线。

（6）实验中，如果人体接触到仪器外壳，接触部位有发麻状况，则说明仪器有轻微漏电现象，此时应立即切断仪器电源，并报告老师。

（7）不能用试电笔去试高压电。使用高压电源时，应该采取专门的防护措施。

（8）如果发现有人触电，要设法及时关断电源，或者用干燥的木棍等物品将触电者与带电的电器分开，不要直接用手去救人。

2. 防止引起火灾

（1）使用的保险丝要与实验室允许的用电量相符。

（2）电线的安全通电量应该大于用电功率。

（3）室内如果有氢气、煤气等易燃、易爆气体，应该避免产生电火花。继电器工作和开关电闸时，容易产生电火花，要特别小心。电器接触点（如电源插头）接触不良时，应该及时修理或更换。

（4）如果遇到电线起火，应该立即切断电源，用沙子或二氧化碳、四氯化碳灭火器灭火，禁止用水或泡沫灭火器等导电液体灭火。

3. 防止短路

（1）线路中各连接点应该牢固，电路元件两端接头不要互相接触，以防短路。

（2）电线、电器不要被水淋湿或浸在导电液体中。

4. 仪器仪表的安全使用

（1）使用仪器仪表前，要先了解仪器仪表要求使用的电源是交流电还是直流电，是三相电还是单相电，以及电压的大小（380 V、220 V、110 V 或 6 V）和频率。还必须弄清电器功率是否符合要求以及直流电器仪表的正、负极性等。

（2）仪表量程应该大于待测量。当待测量大小不明确时，应该从最大量程开始测量，以防止电流过大，将万用表的指针打弯。在使用万用表测量电压或电流时，要牢记：测量电压时，万用表须并接在被测电路两端；测量电流时，万用表须串入被测电路中。若连接错误，则容易烧毁万用表。

（3）实验测量之前要检查线路连接是否正确，经仔细检查无误后方可接通电源，进行实验。

（4）实验中若出现异常现象，如有焦煳味、冒烟或元器件发烫，应该立即切断电源，将情况向老师汇报，由老师检查原因并处理。

（二）实验室安全操作规程及实验步骤

实验教学中，遵守实验室安全操作规程尤其重要。

1. 实验室安全操作规程

（1）不得携带食品、饮料进入实验室，实验设备应有序摆放，保持台面清洁、室内卫生。

（2）不得任意摆弄任何用电设备和电源，以防触电。

（3）任何实验用电设备必须经指导老师检查同意后，方可通电使用。实验设备都应在老师指导下有序操作，禁止私自通电。

（4）使用网络时，必须经指导老师同意，方可安全上网。不得登录与实验不相关的网站和页面。

（5）实验过程中发生事故时，不要惊慌失措，应当立即断开电源，保持现场并报告老师，等待检查处理。

（6）实验结束后，应对实验过程进行自我评价与记录。离开实验室前，要整理好实验台并关闭设备电源。

2. 实验步骤

实验教学中的一个主要环节是实验步骤。这里讲的实验步骤并非仅仅指在实验室进行实验操作的步骤，它还包括了实验前的预习，进入实验室的具体操作过程和实验后的总结分析等几方面的工作。

1）实验前

（1）必须熟悉实验室安全操作规程。

（2）认真阅读实验指导书，明确实验目的、内容，掌握实验原理。对实验可能出现的现象及结果等要有一个事先的分析和估计，做到心中有数。

（3）预先阅读所需用到的实验设备的使用说明书，了解操作注意事项，熟悉各旋钮、按键、开关的功能和作用，以便实验时能正确地操作和测试。

（4）写好实验预习报告，将实验中要测量的数据表格预先画好，以便有条理地进行测试。

2）实验中

（1）实验设备要合理布局。其原则是安全、方便、整齐，防止相互影响。一般情况下，直读的仪表、仪器放在操作者左侧，示波器、信号发生器等测量仪器放在操作者右侧。严禁歪斜摆放和随意搬动实验设备。

（2）正确搭接线路。首先要检查所接线路的元件数据及参数是否符合要求，然后按原理图搭接线路。严禁带电接线、拆线或改接线路。接好线路后要认真复查，确认无误后方可接通电源进行实验。

（3）安全科学地操作。通电后要眼观全局，首先看现象，再操作、读数。如果发现异常现象，如出现冒烟、有焦味、异常响声、仪表打表等，应立即切断电源，保持现场，请示指导老师后再做故障处理，排除故障后方能继续进行实验操作。

（4）科学读取数据。读取数据时，姿势要正确。指针式仪表要做到"眼、指针、影一条线"，指针偏转角度要合适。

3）实验后

（1）实验结束后，应先关闭电源，再拆除实验连线，去掉测试仪器，整理好实验台。

（2）整理实验数据，按要求编写实验报告。

（三）实验报告的编写及要求

实验完成后，书写实验报告环节非常重要。实验报告是对实验过程的全面总结，要用简明的形式将实验结果完整、真实地表达出来。实验报告的质量体现了实验者对实验内容的理解程度及其动手能力和综合素质水平。

1. 实验报告内容

实验报告的格式和内容可以根据具体实验内容编写，一般包括以下几个方面：

（1）实验名称：说明要做的实验名称。

（2）实验目的：说明为了什么要做实验，能达到什么目的。

（3）实验设备：实验中用到的仪器及元器件。

（4）实验原理：实验中用到的实验原理及电路原理图。

（5）实验内容：根据实验指导书的步骤编写，也可以根据实际操作和工作原理自行编写。

（6）实验数据处理：根据实验记录和实验现象绘制表格或曲线图。表格中的数据是实验原始数据，如果表格中的数据是依据公式计算得到的，则要列出所用公式。绘制曲线图时，要按图示法的要求选择合适的坐标和刻度。根据实验记录和曲线图分析实验数据，得出实验结果。

（7）实验结果分析、总结。

2. 实验报告要求

实验报告编写要求：叙述简明扼要，书写工整，文理通顺，数据分析合理，图表清晰，结论正确。

实验报告书写用纸应力求格式正规化、标准化。为便于保存，最好用蓝黑色签字笔书写，避免用圆珠笔书写。表格内容设置要合理。绘制曲线时，须注明坐标、原点、比例和单位。应依据正确公式进行数据计算，并采用国际标准单位。

二、常用电工工具

常见的电工工具有螺丝刀、试电笔、电工剥线钳、电烙铁、电工刀等多种，这里主要介绍实验或实训中经常使用的螺丝刀、试电笔、电工剥线钳、电烙铁等。

（一）螺丝刀

1. 螺丝刀的用途及操作方法

螺丝刀也称为螺丝起子、螺钉旋具、改锥等，用来紧固或拆卸螺钉。它的种类很多，按照头部的形状的不同，常见的有十字形螺丝刀和一字形螺丝刀两种。

1）十字形螺丝刀

十字形螺丝刀主要用来旋转十字槽形的螺钉、木螺钉和自攻螺钉等。它有多种规格，通常说的大、小螺丝刀是用手柄以外的刀体长度来表示的，常用的有 100 mm、150 mm、200 mm、300 mm 和 400 mm 等几种。使用时应注意根据螺钉的大小选择不同规格的螺丝刀。十字形螺丝刀实物图如图 1-1 所示。

图 1-1 十字形螺丝刀

使用十字形螺丝刀拧螺钉时，应先使螺丝刀端头和螺钉的凹槽对齐，然后旋转手柄，否则容易损坏螺钉的十字槽。

2）一字形螺丝刀

一字形螺丝刀主要用来旋转一字槽形的螺钉、木螺钉和自攻螺钉等。其规格与十字形螺丝刀类似，常用的也有 100 mm、150 mm、200 mm、300 mm 和 400 mm 等几种。一字形螺丝刀实物图如图 1-2 所示。

图 1-2　一字形螺丝刀

　　使用时应注意，要根据螺钉的大小选择不同规格的螺丝刀，一般一字形螺丝刀可以用于旋转十字槽形的螺钉。十字形螺丝刀拥有较强的抗变形能力。

2. 螺丝刀的使用方法

　　电工实验中必须使用带绝缘手柄的螺丝刀。使用螺丝刀紧固和拆卸带电的螺钉时，手不得触及螺丝刀的金属杆，以免发生触电事故。为了避免螺丝刀的金属杆触及皮肤或触及邻近带电体，应在金属杆上穿套绝缘管。

　　（1）大螺丝刀的使用：大螺丝刀一般用来紧固较大的螺钉。使用时，除大拇指、食指和中指要夹住握柄外，手掌还要顶住手柄的末端，这样就可防止螺丝刀手柄转动时滑脱。此时左手不得放在螺钉的周围，以免螺丝刀滑出时将手划伤。

　　（2）小螺丝刀的使用：小螺丝刀一般用来紧固电气装置接线桩头上的小螺钉。使用时，可用大拇指和中指夹着握柄，用食指顶住木柄的末端捻旋。

（二）试电笔

　　试电笔简称"电笔"，用来测试电线或墙体插座是否带电。试电笔主要由氖管、电压显示窗口和大于 10 MΩ 的碳电阻等组成。试电笔结构图如图 1-3 所示。

笔尖金属体　　　　电阻　　氖管　　　　　　显示窗口　　　弹簧　　金属帽

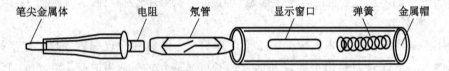

图 1-3　试电笔结构图

　　试电笔按照测量电压的高低分为高压试电笔和低压试电笔。高压试电笔用于 10 kV 及以上项目的带电体检测；低压试电笔用于线电压 500 V 及以下项目的带电体检测。

　　试电笔按照接触方式的不同分为接触式试电笔和感应式试电笔。接触式试电笔通过接触带电体获得电信号，通常形状有一字螺丝刀式、钢笔式。感应式试电笔采用感应式测试，无需物理接触，可检查控制线、导线和插座上的电压或沿导线检查断路位置。感应式试电笔又称数显试电笔，其结构示意图如图 1-4 所示。

测试笔尖　　　　　　指示灯　　　数字显示区　感应测量电极B　感应测量电极A

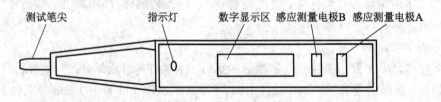

图 1-4　数显试电笔结构示意图

1. 氖管试电笔的使用方法

使用者站在地上，用手接触笔帽导体，笔尖接触被测电源，此时人体、测试笔、大地构成一个回路，当被测电压达到启辉电压时，氖管就会发光。由于碳电阻阻值很大，因此流过人体的电流很小，这样可以保证人身安全，但注意不能用试电笔测量高电压，否则会造成人身伤害。一般地，试电笔的测量电压范围为 60 V～500 V。

2. 数显试电笔的使用方法

（1）直接测试：使用者按住 A 键不放，将测试笔尖接触测试点，若测试点带电，则数显试电笔指示灯变亮，同时数字显示区将显示出所测电压值。一般可显示的电压值为 12 V、36 V、55 V、110 V 和 220 V。

（2）间接检测：使用者按住 B 键不放，将测试笔尖靠近电源线或测试体，但不接触，如果电源线或测试体带电，则数显试电笔的数字显示区将显示高压符号。

3. 试电笔使用注意事项

试电笔使用前可在已知电源上进行测试，将试电笔逐渐靠近被测体，直至氖管发光，确认试电笔良好后方可使用。

（1）测量时手指握住试电笔身，食指触及笔身金属体(尾部)，试电笔的小窗口朝向自己的眼睛。

（2）在明亮的光线下或阳光下测试带电体时，应当注意避光，以防光线太强观察不到氖管发亮，造成误判。

（3）在使用完毕后要保持试电笔清洁，并将试电笔放置于干燥处，严防摔碰。

（三）电工剥线钳

电工剥线钳是制作细缆时的必备工具，它的主要功能是剥除细缆导线外部的两层绝缘层。电工剥线钳刀口处共有三个刀片，分别用于剥除外层绝缘层、中间金属屏蔽层和内部绝缘层。电工剥线钳实物图如图 1-5 所示。

图 1-5 电工剥线钳实物图

电工剥线钳的使用方法如下：

（1）根据缆线的粗细型号，选择相应的剥线刀片。

（2）将准备好的电缆放在电工剥线钳的刀刃中间，选择好剥线的长度。

（3）握住电工剥线钳的手柄，将电缆夹住，缓缓用力使电缆外表层慢慢剥落。

（4）松开电工剥线钳手柄，取出电缆线，电缆绝缘层完好剥落。

（四）焊接工具

在电子产品装配中经常使用的焊接工具主要有电烙铁、电热风枪和烙铁架等。

1. 电烙铁

电烙铁主要用于各类无线电整机产品的手工焊接、补焊、维修及元器件更换，是电子制作和电器维修的必备工具。

电烙铁主要由烙铁芯、烙铁头和手柄三个部分组成。电烙铁按机械结构的不同，可分为内热式电烙铁和外热式电烙铁；按功能的不同，可分为恒温式电烙铁和吸锡式电烙铁；按用途的不同，可分为大功率电烙铁和小功率电烙铁。

1）内热式电烙铁

内热式电烙铁的发热部分（烙铁芯）安装于烙铁头内部，其热量由内向外散发，故称为内热式电烙铁。内热式电烙铁实物图如图1-6所示。

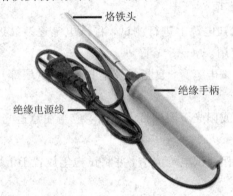

烙铁头

绝缘手柄

绝缘电源线

图1-6　内热式电烙铁实物图

内热式电烙铁的优点是热效率高、升温快、体积小、重量轻；缺点是烙铁头易氧化、烧死，因而内热式电烙铁寿命较短，不适合做大功率的烙铁。

内热式电烙铁特别适合修理人员或业余电子爱好者使用，也适合偶尔需要临时焊接的工种，如调试、质检等。一般电子产品电路板装配多选用35 W以下功率的电烙铁。

2）外热式电烙铁

外热式电烙铁的烙铁头安装在烙铁芯的里面，即产生热能的烙铁芯在烙铁头外面，故称为外热式电烙铁。外热式电烙铁实物图如图1-7所示。

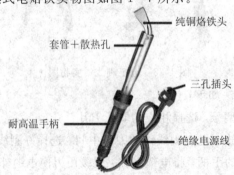

纯铜烙铁头

套管+散热孔

三孔插头

耐高温手柄

绝缘电源线

图1-7　外热式电烙铁实物图

外热式电烙铁的优点是经久耐用，使用寿命长，长时间工作时温度平稳，焊接时不易烫坏元器件；缺点是体积大、热效率低。

3）烙铁头的形状及处理

烙铁头的形状要适应焊接物的要求，常见的形状有锥形、凿形、圆斜面形等。

普通的新烙铁第一次使用前要用锉刀去掉烙铁头表面的氧化层，并给烙铁头上锡。烙铁头长时间工作后，由于氧化和腐蚀作用，烙铁面变得凹凸不平，故须用锉刀锉平。锉平后要立即上锡。

2. 电热风枪

电热风枪是利用高温热风加热焊锡膏和电路板及元器件引脚，使焊锡膏熔化，来实现焊装或拆焊目的的半自动焊接工具。电热风枪是专门用于焊装或拆卸表面贴装元器件的专用焊接工具。电热风枪实物图如图1-8所示。

3. 烙铁架

烙铁架用于存放松香或焊锡等焊接材料。在焊接的空闲时间，电烙铁要放在特制的烙铁架上，以免烫坏其他焊接物品。烙铁架实物图如图1-9所示。

图1-8 电热风枪实物图   图1-9 烙铁架实物图   图1-10 焊锡实物图

4. 焊接材料

将导线、元器件引脚与印制线路焊接在一起的过程称为焊接。完成焊接需要的材料包括焊料、焊剂和一些其他的辅助材料（如阻焊剂、清洗剂等）。焊锡实物图如图1-10所示。

1）锡铅合金焊料

锡铅合金焊料是裸片、包装和电路板装配的良好连接材料。

2）无铅焊料

无铅焊料是指以锡为主体，添加其他金属材料制成的焊接材料。所谓无铅，是指焊锡中铅的含量必须低于0.1%的要求。

3）焊膏

焊膏是表面安装技术中再流焊工艺的必需材料。它是将合金焊料加工成一定颗粒的，并拌以适当的液态黏合剂构成的具有一定流动性的糊状焊接材料。

4）焊剂（助焊剂）

焊剂在焊接时能去除被焊金属表面的氧化物，防止焊接时被焊金属和焊料再次出现氧化，并降低焊料表面的张力，提高焊料的流动性，有助于焊接，有利于提高焊点的质量。

常用的焊剂有无机焊剂、有机焊剂和松香类焊剂等。电子产品的焊接中，常使用松香类焊剂。

5) 清洗剂

清洗剂用于清洗焊点周围残余的焊剂、油污、汗迹、多余的金属物等杂质，可提高焊接质量，延长产品的使用寿命。实验室中常用的清洗剂有无水乙醇等。

6) 阻焊剂

阻焊剂用于保护印制电路板上不需要焊接的部位。常见的印制电路板上没有焊盘的绿色涂层即为阻焊剂。

在焊接中，特别是在自动焊接技术中，使用阻焊剂，可防止桥接、短路等现象发生，降低返修率；可减小印制电路板受到的热冲击，使印制板的板面不易起泡和分层；使用带有色彩的阻焊剂，可使印制板的板面显得整洁美观。

5. 焊接步骤

焊接基本可以分为以下几个步骤：

1) 预焊

清理要焊接的元器件部位，去除氧化层。由于金属暴露在空气中很快会被氧化，而氧化膜会妨碍焊接，导电性也不好，容易形成虚焊，时间长了就会松动造成接触不良，使电路无法正常工作，因此焊接前一定要把焊接金属表面清理干净，即使是已镀锡的元器件，因存放时间太久氧化了，也一定要把氧化膜清理干净，重新搪锡后再焊接。一般不太清洁的焊接点表面浸锡性较差，焊锡好像荷叶上的水珠，很难吸附到焊接点，当焊接点较清洁时，焊接后的焊接点既光滑又干净。

2) 焊接

右手拿电烙铁，左手拿焊锡，将烙铁头斜刃口处对准元件或引线焊接点，同时将焊锡放到焊接点，观察焊锡是否充分熔化，待焊锡充分熔化后，立即把焊锡和烙铁拿开。此工序既要掌握烙铁温度又要把握好焊接加热时间，一般小焊点 1 s～2 s，大焊点 3 s～5 s，一个焊点尽量一次焊成，需要重焊的焊点应该冷却后再焊。焊接示意图如图 1-11 所示（注意烙铁头应以 45°角方向撤离）。

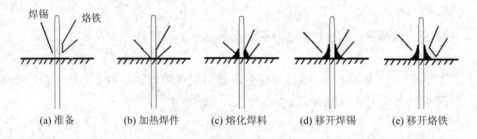

(a) 准备　　(b) 加热焊件　　(c) 熔化焊料　　(d) 移开焊锡　　(e) 移开烙铁

图 1-11　焊接示意图

3) 焊接后的处理

焊接后，应该将黏结在电路元件上的锡粒用镊子或刮刀清除干净。淌在电路板上、导线上的焊剂残渣及焊接时形成的白色薄膜用纱布蘸酒精进行擦拭，清洗后的焊点表面既清洁又光亮。

6. 焊接注意事项

1）焊接时间

整个焊接过程大概 2 s～5 s。焊接加热时间过长，则焊锡容易流散，如果流散的焊锡和其他焊点连接，容易造成短路。焊接加热时间过短，则达不到焊接温度，焊锡不能充分熔化，容易造成虚焊。焊锡熔化多少，决定了焊点的大小和质量。焊锡熔化太多，焊点难看不光滑；焊锡熔化太少，容易使焊点机械强度降低，出现假焊、虚焊现象。焊点形状及其好坏如图 1-12 所示，其中图(a)、(b)为焊点正确形状。

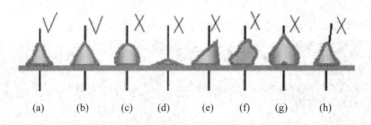

图 1-12 焊点形状

2）电烙铁功率选择

电烙铁功率选择要适当，功率太小，烙铁温度不够，热量不足，焊锡不容易熔化，焊点就会呈豆腐渣状。若焊锡凝固前焊点移动，也会出现上述现象。

三、常用电工仪器仪表

直流稳压电源、万用表等是电工电子技术工作人员经常使用的仪器仪表。

（一）直流稳压电源

直流稳压电源是电路和电子技术实验中必不可少的仪器，它可以为实验提供所需要的直流电源。

直流稳压电源的种类很多，下面以 JMY-30B 型晶体管直流稳压电源和 LM1819B 型直流稳压电源为例介绍其使用方法。

1. JMY-30B 型晶体管直流稳压电源

JMY-30B 型直流稳压电源采用双路独立输出，正负极性输出，双路输出均可独立工作，互不影响。两组不同的额定输出分别为 0～30 V/1A(即输出电压为 0 V～30 V 连续可调，输出电流为 1 A)和 0～30 V/0.5 A。面板设置了电压表、电流表、粗调旋钮、微调旋钮和转换开关等。

1）面板说明

JMY-30B 型直流稳压电源面板示意图如图 1-13 所示。其中：

(1) 电源开关：用于控制直流稳压电源是否接入市电。

(2) 指示灯：用于指示是否接入市电。指示灯亮，表明已经接入市电。

(3) 粗调旋钮：用于选择输出电压的范围。

(4) 微调旋钮：用于连续调节输出电压。

（5）V－A转换开关：用于控制电压表指示输出电压或电流表指示流过负载的电流。

（6）复位按钮：当负载电流超过额定值时，稳压电源的保护电路工作，输出立即为零，排除故障后，按下复位按钮，恢复正常输出。

（7）电压（电流）表：用于指示输出电压或流过负载的电流。面板上装有电压表（0 V～30 V）、电流表（0 A～1 A），由 A－V 转换开关的切换选择显示电压或电流读数（一般准确度较低，只能作为监视仪表）。

（8）输出端子：有两组，为两个独立电源输出，红接线端为电源电压的正极，黑红接线端为电源电压的负极。

（9）接地接线柱：与机壳相连，使用时接地，以保证安全。

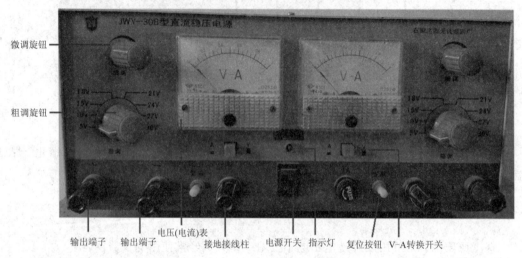

图 1-13　JMY-30B型直流稳压电源面板示意图

2）使用方法

（1）接通 220 V 交流电压，闭合电源开关，电源指示灯亮。

（2）JWY-30B型稳压电源每一路粗调旋钮共有八个挡位，分别是 5 V、10 V、15 V、18 V、21 V、24 V、27 V、30 V。微调旋钮在粗调旋钮范围内进行调节。例如，粗调旋钮放在 5 V 挡，则微调旋钮只能在 0 V～5 V 范围内调节。再如，粗调旋钮放在 10 V 挡，则微调旋钮只能在 5 V～10 V 范围内调节。所以，调节所需要的输出电压时，应注意粗调旋钮与微调旋钮配合使用。如果所需要的电压值是 7 V，则需旋转粗调旋钮到 10 V 挡，再旋转微调旋钮，使指针指向"7"的位置附近。

3）使用注意事项

（1）在使用过程中，如果需要变换粗调挡，则应先断开负载，待输出电压调到所需要数值之后，再接入负载。

（2）在使用过程中，应避免输出端引出导线相碰（即短路），也不要使输出值超过稳压源的额定值。

（3）在使用过程中，因短路或过载引起稳压电源保护时，应先断开负载或消除短路现象，再按"复位按钮"或者重新开启稳压电源，电压输出即可恢复正常。

（4）标示接地符号的接线柱不能与输出负极接线柱或电路接地端相连。

（5）稳压电源面板上电压表（或电流表）只能作为检测用。如果需要精确的电压数值，则要使用精度高的直流电压表测量其输出电压，并通过微调旋钮而获得。

2. LM1819B 型直流稳压电源

LM1819B 型直流稳压电源是由两路完全独立的稳压电源组成的。两路稳压电源都为 0 V～30 V 连续可调稳压电源，并有两块电表分别指示该路电源的输出电压和负载电流。两路直流稳压电源的最大负载电流均为 2 A。该直流稳压电源供应器是一部高稳定、低故障、可携带式仪器，可应用于实验电路或其他电子线路，使用方便。其采用风冷散热，可连续长时间满负荷工作，空载或轻载时风扇自动停止工作，从而有效减少了噪声。

1）面板说明

LM1819B 型直流稳压电源面板示意图如图 1-14 所示。其中：

（1）电源开关：用于接通或关闭仪器电源。

（2）输出端子：从相应端口输出电压，红端口为正输出，黑端口为负输出，绿端口为仪表接地端。

（3）CH2 从路电压调节旋钮：用于设定电压值。

（4）CH1 主路电流调节旋钮：用于设定电流值。

（5）CH1 恒压指示灯：该灯点亮，说明输出电压稳定于设定值，输出电流因负载而变。

（6）CH1 恒流指示灯：该灯点亮，说明输出电流稳定于设定值，输出电压因负载而变。

（7）独立、串并联开关：为左右两个按钮。按钮均弹出，为独立状态；左按入，右弹出，为串联状态；左右均按入，为并联状态。

图 1-14　LM1819B 型直流稳压电源面板示意图

2）使用方法

（1）接通 220 V 交流电压，闭合电源开关，电源指示灯亮。

（2）调整串并联开关，如图 1-15(a)所示，选择主路、从路独立供电、串联供电或是并联供电。

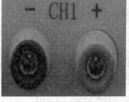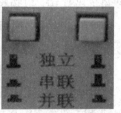

(a) 串并联开关　　　(b) CH1 主路电压调节旋钮　　　(c) CH1 输出端口

图 1-15　开关、旋钮与输出端口

（3）主路、从路独立供电时，图 1 - 15(a)中的左右两个按钮均弹出。分别调节主路CH1、从路 CH2 电压调节旋钮，如图 1 - 15(b)所示。电压显示屏显示电压值，主路、从路电压互不影响，如图 1 - 16 所示。在 CH1、CH2 输出端口分别得到所需电压值。

图 1 - 16　主路、从路电压输出显示

（4）主路、从路串联供电时，两个按钮为左按入，右弹出。调节主路电压调节旋钮，从路电压随主路电压值变化而变化；调节从路电压调节旋钮，主路、从路电压值均无变化。主路、从路输出电压值相等（见图 1 - 17），主路的红端口和从路的黑端口输出电压值为主从电压值之和。

图 1 - 17　主路、从路串联供电

（5）主路、从路并联供电时，左右按钮均按入。调节主路电压调节旋钮，从路电压值随主路电压变化而变化；调节从路电压调节旋钮，主路、从路电压值均无变化。主路、从路输出电压值相等，从路恒流指示灯亮。

3）使用注意事项

（1）在使用过程中，如果需要转换调压挡，则应先断开负载，待输出电压调到所需数值之后，再接入负载。

（2）勿连接或使用超出本机额定电压、额定电流的电压、电流值。勿将面板中输出端子的正极和负极连接，以免瞬间短路。

（3）在使用过程中，因短路或过载引起稳压电源保护时，应先断开负载或消除短路现象，再重新开启稳压电源，电压输出即可恢复正常。

（4）标示接地符号的接线柱不能与输出负极接线柱或电路接地端相连。

（5）稳压电源面板上电压表（或电流表）只能作为检测用。如果需要精确的电压数值，则要使用精度高的直流电压表测量其输出电压，并通过微调旋钮而获得。

（6）长期使用时，应将仪器置于通风良好的环境中。勿在大于 40℃ 环境温度中使用仪器。

（7）避免其他仪器或易燃物置于本机上。

（二）万用表

万用表又称多用表、三用表、复用表，是一种多功能、多量程的测量仪表，通常用来测量直流电流、直流电压、交流电压、电阻和音频电平等。较高级的万用表还可以测量三极管的电流放大倍数、频率、电容值、电感量、逻辑电平、分贝值等。

万用表是电子测量中最常用的工具，具有价格低廉、操作简单、功能齐全、携带方便等特点。常见的万用表有机械指针式万用表和数字式万用表两种。

1. 机械指针式万用表

机械指针式万用表又称磁电式万用表，其基本原理是利用一只灵敏式直流电流表（微安表）作表头，当微小电流通过表头时，就会有电流指示。因为表头不能通过大电流，所以在表头上并联或串联电阻进行分流或分压，从而实现扩量程，测出电路中的电流、电压和电阻值。

机械指针式万用表由表头、测量电路及转换开关等主要部分组成。MF-500型万用表的面板图如图1-18所示。各旋钮名称及功能详述如下：

（1）表头。万用表的主要性能指标基本上取决于表头的性能。表头的灵敏度是指表头指针满刻度偏转时，流过表头的直流电流值，这个值越小，表头的灵敏度越高。测电压时的内阻越大，其性能越好。

表头上有四条刻度线。第一条（从上到下）右端标有"Ω"的是电阻刻度线，其刻度值分布是不均匀的，指示的是电阻值，转换开关在欧姆挡时，即读此条刻度线。第二条标有符号"－"或"DC"的表示直流，标有"～"或"AC"的表示交流，"～"表示交流和直流共用的刻度线，当转换开关在交、直流电压或直流电流挡，量程在除交流10 V以外的其他位置时，即读此条刻度线。第三条标有"10 V"，指示的是10 V的交流电压值，当转换开关在交、直流电压挡，量程在交流10 V时，即读此条刻度线。第四条标有"dB"，指示的是音频电平的

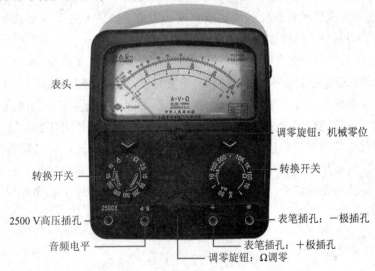

图1-18　MF-500型万用表的面板图

刻度线。

表头上下方正中间设有机械零位调节旋钮，用以校准指针左端零位。

（2）转换开关。MF-500型万用表的选择开关有多个挡位，用来选择测量项目和量程范围。测量项目挡位包括测量直流电流、测量直流电压、测量交流电压和测量电阻。

每个测量项目又划分为几个不同的量程以供选择。各量程的测量范围如下：

直流电压 $\underline{V}$ ：分为5挡，即0 V～2.5 V，0 V～10 V，0 V～50 V，0 V～250 V，0 V～500 V。

交流电压 $\underline{V}$ ：分为4挡，即0 V～10 V，0 V～50 V，0 V～250 V，0 V～500 V。

直流电流 $\underline{A}$ ：分为5挡，即0 μA～50μA，0 mA～1 mA，0 mA～10 mA，0 mA～100 mA，0 mA～500 mA。

电阻 Ω ：分为5挡，即 $R\times1$，$R\times10$，$R\times100$，$R\times1k$，$R\times10k$。

（3）调零旋钮。调零旋钮有两个：一个是机械调零旋钮，用来保持指针在静止时处于左零位；另一个是"Ω"调零旋钮，在测量电阻时使用，使指针对准右零位，以保证测量数值准确。

（4）表笔插孔。表笔分为红、黑两支。使用时应将红色表笔插入标有"＋"号的插孔，将黑色表笔插入标有"－"号的插孔。

MF-500型万用表还有音频插孔和2500 V插孔。

1）使用方法

（1）将万用表平放，指针应归于左端零位，否则进行机械调零。

（2）根据被测量的种类及大小，选择转换开关的挡位及合适的量程，找出对应的刻度线。

（3）选择表笔插孔的位置。

（4）测量电压。测量电压（或电流）时要选择好量程。如果用小量程去测量大电压，则有可能烧坏万用表；如果用大量程去测量小电压，那么指针偏转太小，无法读数（或读数不准）。量程的选择应该尽量使指针偏转到满刻度的左右。如果事先不清楚被测电压的大小，则应先选择最高量程挡，然后逐渐减小到合适的量程。

① 交流电压的测量：将万用表的一个转换开关置于交、直流电压挡，另一个转换开关置于交流电压的合适量程上，将万用表的两个表笔与被测电路（或负载）并联。10 V及10 V以上各量程的指示值见第二条刻度线，10 V以内量程的指示值见第三条刻度线。

② 直流电压的测量：将万用表的一个转换开关置于交、直流电压挡，另一个转换开关置于直流电压的合适量程上，且"＋"表笔（红表笔）接到高电位处，"－"表笔（黑表笔）接到低电位处，即让电流从"＋"表笔流入，从"－"表笔流出。如果表笔接反，表头指针会反方向偏转，必须将红黑表笔互换，读数见第二条刻度线。测量2500 V高电压时，将表笔分别插在2500 V插孔和"－"插孔。

电压的测量读数为

$$电压测量值 = \frac{指示值}{满偏} \times 量程$$

（5）测量电流。测量直流电流时，将万用表的一个转换开关置于直流电流挡，另一个转换开关置于 50 μA～500 mA 的合适量程上，电流的量程选择和读数方法与电压的一样。但是测量电流时必须先断开电路，然后按照电流从"＋"到"－"的方向，将万用表串联到被测电路中，即电流从红表笔流入，从黑表笔流出。如果误将万用表与负载并联，则因表头的内阻很小，会造成短路，烧毁仪表。其读数方法与电压的读数方法相同。

（6）测量电阻。用万用表测量电阻时，应该按下列步骤操作：

① 选择合适的倍率挡。万用表欧姆挡的刻度线是不均匀的，所以倍率挡的选择应该使指针停留在刻度线较稀的部分为宜，而且指针越接近刻度线的中间，读数越准确。一般情况下，应使指针指在刻度线的 1/3～2/3 之间。

② 欧姆调零。测量电阻之前，应该将两个表笔短接，同时调节"欧姆（电气）调零旋钮"，使指针指在欧姆刻度线右边的零位。如果指针不能调到零位，则说明电池电压不足或仪表内部有问题。并且每换一次倍率挡，都要再次进行欧姆调零，以保证测量准确。

③ 读数。将两根表笔分别接触被测电阻（或电路）两端，读出指针在欧姆刻度线（第一条线）上的读数，再乘以倍率，就是所测电阻的阻值。例如，选用 $R \times 100$ 挡测量电阻，指针指在 50，则所测得的电阻值为 $50 \times 100 = 5 \text{ k}\Omega$。

（7）测量音频电平。测量方法与测量交流电压相似，将红、黑表笔分别插在"dB"和"－"两个插孔中，将万用表的一个转换开关置于交、直流电压挡，将另一个转换开关置于交流电压的合适量程上，音频电平刻度根据 0 dB＝1 mW，600 Ω 输送标准设计。表盘刻度范围为 －10 dB～＋22 dB。

2）使用注意事项

万用表属于较精密的测量仪器，为保护仪表并在测量中得到最精确的测量值，在使用时应注意如下事项：

（1）测量电流、电压时，不能带电改变量程。

（2）选择量程时，应该本着"先大后小"的原则，即先选择大量程，后选择小量程进行测量，并尽量使被测值接近量程。选用的量程靠近被测值越近，测量的数值就越精确。

（3）测量电流与电压切勿旋错挡位。如果误用电阻挡或电流挡去测电压，就极易烧毁万用表。

（4）测量电阻时，不要带电测量。因为测量电阻时，万用表由内部电池供电，如果带电测量就相当于接入一个额外的电源，有可能损坏表头，测得的数值也不准确。

（5）如果在被测电路中有电容器，需要先将其放电后方可测量。

（6）在电阻挡将两支表笔短接，调"零欧姆"旋钮至最大，表头指针如果仍然达不到"零"点，通常是因为表内电池电压不足，这时应该及时更换新电池。

（7）测量电压或电流时，要用表笔试探所要测的端点。不要将表笔固定在线路中，使仪器受到意外损害。

（8）万用表使用完毕，应使转换开关在交流电压最大挡位或空挡上；不能将转换开关旋在电阻挡，因为如不小心易使两支表笔相碰发生短路，不仅会耗费表内电池，而且严重时会损坏表头。在 MF-500 型万用表中，最佳的方法是将两个开关旋钮旋在"·"的位置上，使仪表内部电路呈开路状态。

（9）万用表需要经常保持清洁和干燥，以免影响准确度和损坏仪表。

2. 数字式万用表

与机械指针式万用表相比，数字式万用表的灵敏度高，准确度高，显示清晰，过载能力强，便于携带，使用更简单。下面以图 1-19 所示的 VC890D 型数字式万用表为例，介绍其使用方法和注意事项。

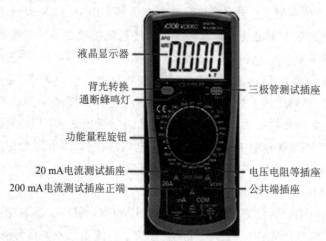

液晶显示器

背光转换
通断蜂鸣灯

功能量程旋钮

20 mA电流测试插座
200 mA电流测试插座正端

三极管测试插座

电压电阻等插座
公共端插座

图 1-19　数字式万用表

1）使用方法

（1）使用前，应认真阅读使用说明书，熟悉电源开关、量程开关、插孔、特殊插口的作用。

（2）将电源开关置于 ON 位置。

（3）测量交直流电压。根据需要将量程开关拨至 DCV（直流）或 ACV（交流）的合适量程，红表笔插入 V/Ω 孔，黑表笔插入 COM 孔，并将表笔与被测线路并联，被测数值即显示在屏幕上。

（4）测量交直流电流。将量程开关拨至 DCA（直流）或 ACA（交流）的合适量程，红表笔插入 mA 孔（<200 mA 时）或 10 A 孔（>200 mA 时），黑表笔插入 COM 孔，并将万用表串联在被测电路中。测量直流量时，数字式万用表能自动显示极性。

（5）测量电阻。将量程开关拨至 Ω 挡的合适量程，红表笔插入 V/Ω 孔，黑表笔插入 COM 孔。如果被测电阻值超出所选择量程的最大值，则万用表显示"1"，此时应选择更高的量程。测量电阻时，红表笔为正极，黑表笔为负极，这与指针式万用表正好相反。因此，测量晶体管、电解电容器等有极性的元器件时，必须注意表笔的极性。

2）使用注意事项

（1）如果无法预先估计被测电压或电流的大小，则应先将量程挡拨至最高量程测量一次，再视情况逐渐把量程减小到合适位置。测量完毕，应将量程开关拨至最高电压挡，并关闭电源。

（2）满量程时，仪表仅在最高位显示数字"1"，其他位均消失，此时应选择更高的量程。

（3）测量电压时，应将数字式万用表与被测电路并联。测量电流时，应将万用表串联在被测电路中。

(4) 当误用交流电压挡去测量直流电压，或者误用直流电压挡去测量交流电压时，显示屏将显示"000"，或低位上的数字出现跳动。

(5) 禁止在测量高电压（220 V 以上）或大电流（0.5 A 以上）时换量程，以防产生电弧，烧毁开关触点。

四、常用电工仪器设备

（一）函数信号发生器

函数信号发生器是一种多用途信号发生器，它能产生正弦波、脉冲波、方波、锯齿波、三角波等多种信号，从百分之一赫兹到几十兆赫兹的高频信号都有，而且频率和幅值都可以连续调节。

下面以 GFG - 8016G 函数信号发生器为例，介绍其性能和使用方法。

1. 主要技术指标

(1) 最大输出电压：15 V。

(2) 频率范围：0.1 Hz～10 MHz。

(3) 灵敏度：≤20 mV rms。

(4) 输入阻抗：1 MΩ。

(5) 主要输出波形：正弦波、三角波、方波、脉冲波、锯齿波。

2. 面板说明

GFG - 8016G 函数信号发生器面板如图 1 - 20 所示。

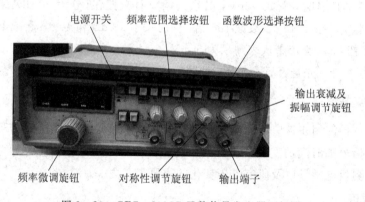

图 1 - 20　GFG - 8016G 函数信号发生器面板图

(1) 电源开关：提供函数信号发生器的工作电源。

(2) 频率范围选择按钮：面板上有 7 个固定的十倍关系的频率范围选择按钮，这 7 个按钮是互锁的，按下其中一个，其他按钮将被释放，即每一时刻只能有一个频率范围被选中。

(3) 函数波形选择按钮：3 个互锁的按钮可以选择需要的输出波形。按下一个开关按钮，可以将先前的设定解除。可提供的波形有方波、三角波和正弦波，可满足大多数实验应用。

(4) 频率微调旋钮：提供在各挡位的频率范围之内调整所需的频率。可从刻度 0.2 校准到 2.0，而频率旋钮的动态范围是 1000:1。

（5）对称性调节旋钮：输出波形及 TTL 或 CMOS 脉冲输出的周期对称性由此旋钮控制。当此旋钮位于 CAL 位置时，输出波形的时间对称比是 50/50 或近似 100％的对称性。

（6）输出衰减及振幅调节旋钮：本旋钮可连续调节输出波形到 20 dB 衰减及调节振幅，将此旋钮拉出，则输出再衰减 20 dB。输出最大衰减 40 dB。

（7）输出端子：在输出端子开路时，可以输出振幅高达 $20U_{p-p}$ 的方波、三角波、正弦波、斜波及脉冲波（在不按下 ATT 键时）。

3. 使用方法

（1）按下"电源开关"按钮，电源指示灯亮。

（2）按下"函数波形选择按钮"，选择所需要的波形。

（3）按下"频率范围选择按钮"，选择所需要的信号频率范围，然后用"频率微调旋钮"进行频率调节，得到所需要的频率。

（4）当需要小信号输出时，选择"输出衰减"按钮。

（5）调节"振幅调节旋钮"使信号达到需要的输出幅度。

4. 使用注意事项

（1）函数信号发生器输出线的黑夹子和红夹子严禁短接（信号源输出不可短路，否则会烧坏仪器）。

（2）函数信号发生器输出线的"地"端（黑夹子）应该和电路的"地"端连接（公共接地）。

（3）输出大信号时，例如输出 3 V，直接调节"振幅调节旋钮"，不需要衰减，由交流毫伏表测量为 3 V。

（4）输出微弱信号时，例如 5 mV，必须先调节衰减按钮（分为 20 dB、40 dB，单按下 20 dB 衰减 10 倍，单按下 40 dB 衰减 100 倍，同时按下 20 dB 和 40 dB 衰减 1000 倍），再调节"振幅调节旋钮"，由交流毫伏表测量为 5 mV。

（5）调节频率时，先选择频率范围，再进行频率微调。

（二）示波器

示波器是一种使用非常广泛的电子仪器，使用它不仅可以直接测量信号电压的大小、周期和观测电信号随时间的变化规律，还可以显示两个相关的电学量之间的函数关系。示波器已经成为测量电学量以及研究电压变化的重要工具之一。

1. 工作原理

示波器利用电子示波管的特性，将人眼无法直接观测的交变电信号转换成图像显示在荧光屏上。

示波器由示波管和电源系统、同步系统、X 轴偏转系统、Y 轴偏转系统、延迟扫描系统、标准信号源组成。

阴极射线管（CRT）简称示波管，是示波器的核心。它将电信号转换为光信号。电子枪、偏转系统和荧光屏三部分密封在一个真空玻璃壳内，构成了一个完整的示波管。现在的示波管屏面通常是矩形平面，内表面沉积一层磷光材料构成荧光膜。在荧光膜上常又增加一层蒸发铝膜。高速电子穿过铝膜，撞击荧光粉而发光形成亮点。铝膜具有内反射作用，有利于提高亮点的辉度并具有散热等作用。

示波器的控制电路包括电源系统、同步系统、X 轴偏转系统、Y 轴偏转系统、延迟扫描系统、标准信号源等部分。

2. 面板说明

下面以 YB43020 型示波器为例，介绍示波器面板上开关、旋钮的作用以及使用方法。YB43020 型示波器面板如图 1－21 所示。

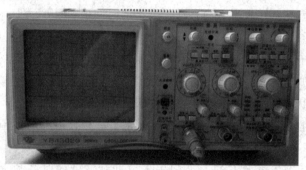

图 1－21　YB43020 型示波器面板图

1）示波管电路

（1）电源（POWER）：示波器的电源开关。当此开关按下时，电源指示灯亮，表示电源已经接通。

（2）辉度（INTER）：旋转此旋钮能够改变光点和扫描线的亮度。观察低频信号时，辉度可以小一些；观察高频信号时，辉度应该大一些。一般辉度不应该太大，以保护荧光屏。

（3）聚焦（FOCUS）：此旋钮用于调节电子束截面的大小，将扫描线聚焦成最清晰的状态。

（4）标尺亮度（ILLUM）：此旋钮用于调节荧光屏后面的照明灯亮度。正常室内光线下，照明灯暗一些好。

2）垂直偏转因数和水平偏转因数

（1）CH1(X)：Y1 的垂直输入端，在 X－Y 工作时作为 X 轴输入端。CH2(Y)：Y2 的垂直输入端，在 X－Y 工作时作为 Y 轴输入端。CH1(X)和 CH2(Y)用于连接探极，观测信号波形。

（2）垂直偏转因数选择（VOLTS/DIV）和微调：在单位输入信号作用下，光点在屏幕上偏移的距离称为偏移灵敏度，这一定义对 X 轴和 Y 轴都适用。灵敏度的倒数称为偏转因数。垂直偏转因数的单位是 V/cm、mV/cm 或者 V/DIV、mV/DIV。实际上，因习惯用法和测量电压读数的方便，有时也把偏转因数当作灵敏度。

双踪示波器中每个通道各有一个垂直偏转因数选择波段开关，一般按 1、2、5 方式从 5 mV/DIV 到 5 V/DIV 分为 10 挡。波段开关指示的值代表荧光屏上垂直方向一格的电压值。例如，波段开关置于 1 V/DIV 挡时，如果屏幕上信号光点移动一格，则代表输入信号电压变化 1 V。

每个波段开关上往往还有一个小旋钮，用于微调每挡的垂直偏转因数。将它沿顺时针方向旋到底，处于"校准"位置时，垂直偏转因数值与波段开关所指示的值一致。逆时针旋转此旋钮，能够微调垂直偏转因数。垂直偏转因数微调后，其值与波段开关的指示值不一致。YB43020 型示波器具有垂直扩展功能，当微调旋钮被拉出时，垂直灵敏度扩大若干倍（偏转因数缩小为原来的若干分之一）。例如，如果波段开关指示的偏转因数是 1 V/DIV，采用"×5"扩展状态时，垂直偏转因数是 0.2 V/DIV。

（3）时基选择（TIME/DIV）和微调：时基选择和微调的使用方法与垂直偏转因数选择和微调的类似。时基选择也通过一个波段开关实现，按 1、2、5 方式把时基分为若干挡。波段开关的指示值代表光点在水平方向移动一个格的时间值。例如，在 1 μs/DIV 挡，光点在屏上移动一格代表的时间值为 1 μs。

"微调"旋钮用于时基校准和微调。沿顺时针方向旋转到底，处于"校准"位置时，屏幕上显示的时基值与波段开关所示的标称值一致。逆时针旋转旋钮，能够微调时基。旋钮拔出后处于扫描扩展状态，通常为"×10"扩展，即水平灵敏度扩大 10 倍，时基缩小到 1/10。例如，在 2 μs/DIV 挡，扫描扩展状态下荧光屏上水平一格代表的时间值为 2 μs×(1/10)＝0.2 μs。

（4）示波器的标准信号源 CAL：专门用于校准示波器的时基和垂直偏转因数。例如 YB43020 型示波器的标准信号源提供一个 $U_{p-p}＝0.5$ V、$f＝1$ kHz 的方波信号。

（5）示波器前面板上的位移（POSITION）旋钮：用于调节信号波形在荧光屏上的位置。旋转水平位移旋钮（标有水平双向箭头），可左右移动信号波形；旋转垂直位移旋钮（标有垂直双向箭头），可上下移动信号波形。

3）输入通道和输入耦合的选择

（1）Y 轴的工作方式选择开关（VERT MODE）。Y 轴的工作方式有以下五种：

CH1：通道 1 单独工作，仪器作为单踪示波器使用，只显示通道 1 的输入信号波形。

CH2：通道 2 单独工作，只显示通道 2 的输入信号波形。

ALT：交替工作，即通道 1、通道 2 轮流工作，用于显示信号频率较高的双踪波形。

CHOP：断续工作，即以 250 kHz 的频率轮流显示断续的两路信号的波形，但只显示频率较低的信号波形，用于低频信号的双踪显示。

ADD：相加工作，两个信号均通过放大器，示波器显示出两个信号叠加后的波形。

（2）输入耦合方式 AC－⊥－DC。输入耦合方式有三种：交流（AC）耦合、地（GND）、直流（DC）耦合。选择"AC"，表明信号输入端是交流耦合状态，用于观测交流信号的交流分量，它隔断了被测信号中的直流分量，使荧光屏上的波形不受直流电平的影响。选择"GND"，表明输入信号与放大器断开，扫描线显示出"示波器地"在荧光屏上的位置，同时放大器输入端接地。选择"DC"，表明信号输出端是直流耦合状态，用于测定直流信号的绝对值或观测频率极低的信号。

在数字电路实验中，一般选择"DC"方式，以便观测信号电压的绝对值。

4）触发

当被测信号从 Y 轴输入后，一部分送到示波管的 Y 轴偏转板上，驱动光点在荧光屏上按比例沿垂直方向移动；另一部分分流到 X 轴偏转系统产生触发脉冲。触发扫描发生器，产生重复的锯齿波电压加到示波管的 X 轴偏转板上，使光点沿水平方向移动，两者合一，光点在荧光屏上描绘出的图形就是被测信号图形。由此可知，正确的触发方式直接影响示波器的有效操作。为了在荧光屏上得到稳定的、清晰的信号波形，掌握基本的触发功能及其操作方法是十分重要的。

（1）触发源（SOURCE）选择。要使屏幕上显示稳定的波形，则需将被测信号本身或者与被测信号有一定时间关系的触发信号加到触发电路。通常有三种触发源：内触发（INT）、电源触发（LINE）、外触发（EXT）。

内触发（INT）使被测信号作为触发信号，是经常使用的一种触发方式。由于触发信号本身是被测信号的一部分，因此在屏幕上可以显示出非常稳定的波形。内触发选择方式（INT TRIG）有三个：CH1、CH2、VERT MODE。当选择 CH1 或 CH2 时，双踪示波器中通道 1 或者通道 2 的输入信号都可以选作触发源信号。当 Y 轴的工作方式选择开关（VERT MODE）置于交替时，内触发也处于交替方式（VERT MODE），CH1 和 CH2 的输入信号交替作为触发信号。

电源触发（LINE）使交流电源频率信号作为触发信号。这种方法在测量与交流电源频率有关的信号时是有效的。特别在测量音频电路、闸流管的低电平交流噪声时更为有效。

外触发（EXT）使外加信号作为触发信号，外加信号从外触发输入端（EXT HOR）输入。外触发信号与被测信号间应具有周期性的关系。由于被测信号没有用作触发信号，因此何时开始扫描与被测信号无关。

正确选择触发信号对波形显示的稳定、清晰度有很大关系。例如在数字电路的测量中，对一个简单的周期信号而言，选择内触发可能好一些，而对于一个具有复杂周期的信号，且存在一个与它有周期关系的信号，选用外触发可能更好。

（2）触发耦合（COUPLING）方式选择。触发信号到触发电路的耦合方式有多种，目的是为了触发信号的稳定、可靠。

电容耦合（AC）：只允许用触发信号的交流分量触发，触发信号的直流分量被隔断。通常在不考虑 DC 分量时使用这种耦合方式，以形成稳定触发。但是如果触发信号的频率小于 10 Hz，则会造成触发困难。

直流耦合（DC）：不隔断触发信号的直流分量。当触发信号的频率较低或者触发信号的占空比很大时，使用直流耦合较好。

高频抑制耦合（HFR）：触发信号通过低通滤波器加到触发电路，触发信号（高于 50 kHz）的高频成分被抑制。

低频抑制耦合（LFR）：触发信号经过高通滤波器加到触发电路，触发信号的低频成分被抑制。

（3）触发电平（LEVEL）和触发极性（SLOPE）。触发电平（LEVEL）调节又称同步调节，它使得扫描与被测信号同步。在屏幕上出现波形不稳定时，缓慢调节触发电平旋钮可以增大或减小触发电平，直至波形稳定为止。一旦触发信号超过由旋钮设定的触发电平，扫描即被触发。顺时针旋转旋钮，触发电平上升；逆时针旋转旋钮，触发电平下降。当电平旋钮调到电平锁定位置时，触发电平自动保持在触发信号的幅度之内，不需要电平调节就能产生一个稳定的触发。当信号波形复杂，用电平旋钮不能稳定触发时，可选择释抑旋钮

（HOLD OFF），通过调节波形释抑的时间（扫描暂停时间），使扫描与波形稳定同步（在正常使用时释抑旋钮不需经常调节）。

触发极性（SLOPE）用来选择触发信号的极性。拨在"＋"位置时，在信号正方向上，当触发信号超过触发电平时就产生触发。拨在"－"位置时，在信号负方向上，当触发信号超过触发电平时就产生触发。

触发极性和触发电平共同决定触发信号的触发点。

5）扫描方式（SWEEP MODE）

扫描方式有自动（AUTO）、常态（NORM）和单次（SINGLE）三种。

（1）自动（AUTO）：当无触发信号输入，或者触发信号频率低于 50 Hz 时，扫描为自激方式。

（2）常态（NORM）：当无触发信号输入时，扫描处于准备状态，没有扫描线。触发信号到来后，触发扫描。此方式主要用于观察低于 50 Hz 的信号。

（3）单次（SINGLE）：单次扫描启动按钮类似复位开关，当扫描方式键都未按下时，电路处于单次扫描工作方式。在单次扫描方式下，按单次键扫描电路复位，此时准备（READY）灯亮。触发信号到来后产生一次扫描。单次扫描结束后，准备灯灭。单次扫描用于观测非周期信号或者单次瞬变信号。

6）测量探头

测量探头用于连接示波器与被测对象。

最简单的探头是由探针与屏蔽电缆组成的（1∶1 测量探头）。通过屏蔽，减小干扰场对示波器输入放大电路的影响。

在测量较高的电压时，为防止高电压造成输入放大器过载的危险，应当使用衰减测量探头，它与放大器的输入阻抗一起构成了 10∶1 或 100∶1 的分压器。当测量脉冲信号时，利用衰减测量探头，提高了放大器的输入阻抗，从而减小了对测量电路的影响。

3. 使用方法

1）使用前的检查和校准

（1）在接通电源前将面板上各开关、旋钮旋至表 1-1 所示的位置。

表 1-1　开关、旋钮的位置

开关、旋钮名称	设　置
电源	断开位置
辉度	中间位置
聚焦	中间位置
工作方法选择开关	Y1
↕ 位移	中间位置、按入
V/cm	10 mV/cm
微调	校准（顺时针旋转到底，推进去）
AC－⊥－DC	⊥
内触发	Y1

续表

开关、旋钮名称	设　　置
触发源	内触发
耦合	AC
触发极性	＋
电平	锁定（逆时针旋转到底）
释抑	常态（逆时针旋转到底）
扫描方式	自动
T / cm	0.5 ms/cm
微调	校准（顺时针旋转到底，推进去）
↔ 位移	中间位置

（2）打开电源开关，开关上方的电源指示灯亮。约 20 s 后，示波管屏幕上出现一条扫描线。如果 60 s 后扫描线仍没有出现，则按照表 1-1 所示检查开关、旋钮的位置是否正确。如果有误，则按照表 1-1 重新设置。

（3）调节辉度、聚焦、辅助聚焦旋钮，亮度适中，光迹清晰。

（4）连接探极（10∶1，供给的附件）到 Y1 输入端，将 $0.5U_{p-p}$ 校准信号加到探头上。

（5）将 AC－⊥－DC 开关置"AC"位置，在示波管屏幕上会出现一个方波。

（6）调解"聚焦"旋钮，使波形达到最清晰的程度。

（7）为便于观察信号，调节"V/cm"和"T/cm"开关到适当位置，使显示出来的波形幅度适中，周期适中。

（8）调节 ↕ 和↔位移控制旋钮到适当位置，使显示波形对准刻度，以便读出电压值（U_{p-p}）和周期（T）。

2）直流电压测量

首先应该确定一个相对的参考基准电压，一般情况下的参考基准电压直接采用仪器的低电位，测量步骤如下：

（1）将 Y 输入耦合选择开关置于⊥，触发方式置于"自动"的自激工作状态，使屏幕上出现一条扫描基线，调节 ↕ 位移控制旋钮，使光迹向下移到某一个特定基准位置，定为 0 V，并按照被测信号的幅度和频率将 V/DIV 挡位开关和 T/DIV 扫速开关置于适当位置。

（2）将输入耦合选择开关改置于"DC"位置，并将信号用测量探头直接接入仪器的 CH1 输入插座，然后调节触发"电平"使信号波形稳定。

（3）根据信号波形各分量，计算被测信号的电压值：

$$U_{p-p} = \frac{N_Y S_Y}{K_Y}$$

式中：N_Y——信号显示的波形在 Y 轴所占格数；

　　　S_Y——垂直偏转因数挡位；

　　　K_Y——Y 偏转倍率（×1、×5、×10）。

3）交流电压测量

（1）Y 输入耦合选择开关置于"AC"，V/DIV 挡位开关和 T/DIV 扫速开关根据被测信号选择适当的挡位,并将被测信号直接输入仪器的 Y 轴输入端,调节触发"电平",使波形稳定。

（2）根据信号波形各分量,计算被测信号的各电压值。计算方法与直流电压的相同。

4）周期测量

（1）对时基扫速 T/DIV 进行校准,即可对被测信号波形上任意两点的时间间隔参数进行定量测量。

（2）适当调节 T/DIV 挡位,使被测信号波形两点距离在屏幕的有效工作面积内达到最大限度,以提高测量精度。

（3）根据在 X 轴线上波形一个周期的格数,计算被测信号的周期:

$$T = \frac{N_x S_x}{K_x}$$

式中：N_x——一个周期在 X 轴所占格数;

S_x——时基选择（TIME/DIV）的挡位;

K_x——时基倍率（$\times 5$ 或 $\times 10$）;

T——周期。

5）频率测量

对于重复信号频率的测量,可以按照上述时间测量方法先测出信号的周期,然后用频率与周期的关系 $\left(f = \frac{1}{T}\right)$ 计算出频率值。

特别需要说明的是,测试信号时,首先要将示波器的"地"与被测电路的"地"连接在一起。根据输入通道的选择,将示波器探头插到相应通道插座上,示波器探头上的"地"与被测电路的"地"连接在一起,示波器探头接触被测点。在示波器探头上有一个双位开关。此开关拨到"$\times 1$"位置时,被测信号无衰减地送到示波器,从荧光屏上读出的电压值是信号的实际电压值。此开关拨到"$\times 10$"位置时,被测信号衰减为 1/10,然后送到示波器,从荧光屏上读出的电压值乘 10 才是信号的实际电压值。

4. 使用注意事项

（1）通用示波器通过调节亮度和聚焦旋钮使光点直径最小以使波形清晰,减小测试误差。

（2）不要使光点停留在一点不动,否则电子束轰击一点,很可能在荧光屏上形成暗斑,损坏荧光屏。

（3）示波器显示波形一般应该调到两到三个周期,波形读数为峰峰值。

（4）为保证波形稳定显示,应该注意调节电平旋钮（LEVEL）。

（5）读取电压幅值时,应该检查 V/DIV 开关上的微调旋钮是否顺时针旋转到底（校准位置）,否则读数是错误的。测试时,应该调节示波器,使被测波形稳定地显示在荧光屏中央。一般要求被测部分在荧光屏 Y 轴方向占 4～6 个大格,以减小测试误差。

（6）测量时间参数时,必须把扫描微调开关置于校准位置。测试时,应该调节示波器,使被测波形稳定地显示在荧光屏中央。一般要求被测部分在荧光屏 X 轴方向占 4～6 个大格,以减小测试误差。

（7）使用示波器测量时,读数之前应该首先检查探头是否在"$\times 10$"位置（一般放在"$\times 1$"位置）,若放在"$\times 10$"位置,读数应该乘 10 才是正确值。

项目一

电工安全用电模块

实验一　电工工具的使用及焊接

一、实验目的

(1) 掌握常用电工工具的使用方法。

(2) 熟悉常用电工工具的结构、性能。

(3) 掌握电烙铁的使用方法。

二、实验仪器

本次实验所需的实验仪器包括电工刀、验电器、剥线钳、螺丝刀、电烙铁和各种导线等。

三、实验内容

1. 电工刀练习

导线连接前，需要对绝缘导线尾端进行剥削。根据连接需要，利用电工刀剖削出合适长度的线芯。使用时，刀口向外；用完后，随即把刀身折回刀柄内。用电工刀剥削导线绝缘层时，应使刀面与导线面成较小的角度，以免割伤导线。电工刀的刀柄无绝缘保护，因此不能在带电体上使用电工刀进行操作。

2. 剥线钳练习

用剥线钳剥削 6 mm² 以下塑料或橡胶电缆的绝缘层。钳头上有多个大小不同的切口，电缆线应放在大于芯线直径的切口上切剥，否则会切伤芯线。

3. 螺丝刀练习

使用螺丝刀紧固或拆卸带电螺钉。练习时，手不得触及螺丝刀金属杆，以免发生触电事故。

4. 试电笔练习

分别用氖管试电笔和数显试电笔测试不同的带电体，将测试结果填入表 1-2 中。

表 1 - 2　试电笔测试带电体

测试项目	氖管试电笔			数显试电笔
	氖管亮度	直流电/交流电	火线/零线	显示数值
带电体 1				
带电体 2				
仪器金属外壳				

(1) 判断有无电压：测试带电体时，氖管发亮，表示被测体有电压，并且电压不低于 60 V。测试实验室内示波器、信号发生器和直流稳压电源的金属外壳，如果氖管发亮，则说明该设备外壳带电，否则说明该设备外壳不带电。

(2) 判断电压的高低：测试被测体时，氖管发光，亮度越大，带电体电压越高。

(3) 区分直流电和交流电：测量带电体，如果氖管两个电极同时发光，则说明是交流电；如果只有一个电极发光，则说明是直流电。

(4) 区分火线和零线：测量已知交流电时，氖管发亮的是火线，不亮的是零线（墙体插座电源线判断口诀是"左零右火"）。

(5) 判断直流电的正负极：将试电笔接在已知直流电路中测试，氖管发亮的那一极是负极，不亮的一极是正极。

(6) 判断零线是否断路：用试电笔接触灯头插座的两个电极，若氖管都亮，但灯泡不亮，则说明零线断路。

5. 焊接练习

(1) 电烙铁检查：检查电烙铁电源线是否有损坏，若电源线铜丝有裸露，应更换电烙铁；检查烙铁头是否松动。外观检查正常后，按表 1 - 3 所列内容测试电烙铁阻值和计算其功率大小，并将测试数据填入表 1 - 3 中。

表 1 - 3　电 烙 铁 检 测

电烙铁	欧姆挡量程：×10		欧姆挡量程：×1 k		计算功率/W	判断好坏
	正向	反向	正向	反向		
20 W						
35 W						

检查电烙铁一切正常，通电加热。若电烙铁是新的，加热后要用钢锉刀顺烙铁头 45 度倾斜角开头，用锉刀锉亮后，立刻均匀地蘸上焊锡，即可使用。

(2) 焊接练习：在印刷电路板上按表 1 - 4 所列内容进行焊接练习，每组十个焊点，直到熟练为止，并达到焊接技术要求，即手不哆嗦，焊点大小均匀、饱满、有光泽，焊点时间掌握自如。

表1-4　焊　接　练　习

次　数	焊点效果						损坏元器件的个数	10个焊点的平均时间/s	质量检测
	立　装			卧　装					
	好	较好	差	好	较好	差			
1									
2									
3									
⋮									
N									

注意：焊接过程中，若电烙铁头的焊锡较多，应在烙铁架的托盘边沿抿去多余的焊锡，切勿乱甩，以防烫伤他人；电烙铁不用时要放到烙铁架上，电烙铁电源线不可搭在烙铁头上，以防烫坏绝缘层而发生触电事故；电烙铁使用完后，先拔下电源插头，冷却后再将电烙铁收回工具箱。

(3) 焊接验收：熟练掌握焊接技巧后，在规定的时间内，在印刷电路板上完成规定的焊点练习。练习完成后，将相应数据填入表1-5中。

表1-5　焊　接　验　收

次　数	焊接方式	焊点数量	损坏元器件的个数	焊点及焊盘质量检查
1				
2				
3				
⋮				
N				

（4）拆焊练习：在印刷电路板上将前面焊接过的电子元器件按表1-6中的方式进行拆焊练习。

① 元器件引脚不多时，可以用电烙铁直接拆焊。即把印刷电路板竖起来夹住（不熟练时需要其他人员协助），然后用电烙铁加热待拆元器件的焊点，待焊点熔化后，用镊子夹住元器件的引脚轻轻拉出。熟练后，可自行用手扶住板子进行练习。

② 拆焊多个引脚的元器件时，需要借助工具进行拆焊。比如，选用吸锡器等拆焊工具。

③ 拆焊多个引脚的集成电路时，吸锡器也显得力不从心了，此时应选用专用热风枪或红外线焊枪进行拆焊。用热风枪加热待拆焊的所有焊点，待焊点熔化后取出元器件。

按上述方式进行多次拆焊练习，将数据填入表1-6中。

表1-6 拆 焊 练 习

拆焊方式	焊点数量	损坏元器件的个数	焊盘质量检查
直接拆焊			
吸锡器拆焊			
专用拆焊工具			

拆焊练习时要注意焊点加热时间不宜过长，以免烫坏元器件或使焊盘翘起、断裂。

四、实验注意事项

（1）电工刀刀柄无绝缘保护，使用时不能在带电导线或器材上剥削，以免触电。

（2）掌握试电笔的测量方法，在老师的指导下测试。

（3）电烙铁使用前要测试其是否短路。

（4）电烙铁使用过程中，不要猛力敲打，以免震断烙铁芯而引发故障。

实验二　常用照明装置的设计与安装

一、实验目的

（1）了解照明装置电路的工作原理及其电路连接。

（2）通过实际操作，了解安装技能。

（3）掌握常用照明装置的检修方法。

二、实验仪器

本次实验所需的实验仪器包括灯泡、日光灯、万用表和电工工具等。

三、实验原理

照明装置的安装要求是正规、合理、牢固和整齐。正规是指各种灯具、开关、插座等附件必须按照有关要求进行安装；合理是指选用的各种照明器具必须正确、适用、经济和可靠，安装的位置应符合实际需要，使用方便；牢固是指各种照明器具安装牢固可靠，使用安全；整齐是指同一使用环境和要求下的照明器具在安装板上布线横平竖直。

1. 白炽灯

白炽灯是最早成熟的人工电光源，它将灯丝通电加热到白炽状态，利用热辐射发出可见光。一般而言，白炽灯的发光效率较低，寿命也较短，但使用上较方便。

2. 日光灯

日光灯电路由灯管、镇流器、启辉器以及电容器等部件组成，如图 1-22 所示。

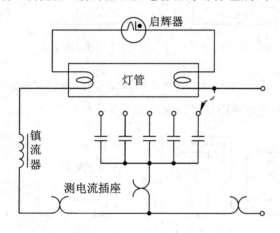

图 1-22　日光灯组成图

1）灯管

日光灯管是一根玻璃管，内壁涂有一层荧光粉（钨酸镁、钨酸钙、硅酸锌等），不同的荧光粉可发出不同颜色的光。灯管内充有稀薄的惰性气体（如氩气）和水银蒸汽，灯管两端有由钨制成的灯丝，灯丝涂有受热后易于发射电子的氧化物。

当灯丝有电流通过时，灯管内的灯丝发射电子，且管内温度升高，水银蒸发。这时，若在灯管的两端加上足够的电压，就会使管内氩气电离，从而使灯管由氩气放电过渡到水银蒸汽放电。放电时发出不可见的紫外光线照射在管壁内的荧光粉上面，使灯管发出各种颜色的可见光线。

2）镇流器

镇流器是与日光灯管相串联的一个元器件，实际上是绕在硅钢片铁芯上的电感线圈，感抗值较大。镇流器的作用是限制灯管的电流，产生足够的自感电动势，使灯管容易放电起燃。镇流器一般有两个出头，但有些镇流器为了在电压不足时容易起燃，就多绕了一个线圈，因此也有四个出头的镇流器。

3）启辉器

启辉器是一个小型的辉光管，在小玻璃管内充有氖气，并装有两个电极。其中一个电极由线膨胀系数不同的两种金属组成（通常称双金属片），冷态时两个电极分离，受热时双金属片会因受热而弯曲，使两个电极自动闭合。

3. 电路原理图

单联、双联开关控制白炽灯的电路原理图如图 1-23 所示。其中图 1-23(a)所示的是由一只单联开关控制一盏白炽灯，如图 1-23(b)所示的是由两只双联开关在两个不同地方控制一盏白炽灯。

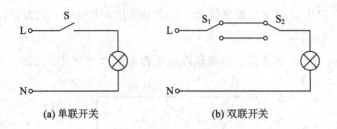

(a) 单联开关　　　　　　　　　　(b) 双联开关

图 1-23　单联、双联开关控制白炽灯的电路原理图

家庭常用日光灯控制电路原理图如图 1-24 所示。

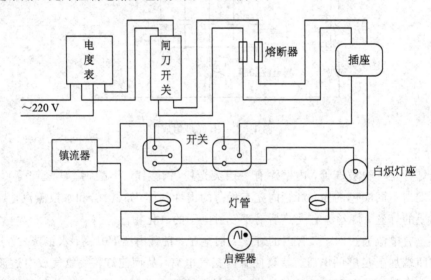

图 1-24　家庭常用日光灯控制电路原理图

四、实验内容

1. 简易白炽灯的安装

在实验板上，分别按图 1-23(a)、(b)连接电路。检查电路正确后，接通 220 V 电源。若灯泡亮，则表示正常。若灯泡不亮，则断开电源，检查电路及连线，请指导老师核实后再次验证。

2. 家庭常用日光灯控制电路的安装

在实验板上,按图 1 - 24 连接电路。注意连接电源线的颜色选用原则及各个用电器的拆装方法。安装完成后,再一次检查电路连线是否正确。指导老师确认后,再接通 220 V 电源。若电路无故障,则灯管会发光。若灯管不亮,则要切断电源,用万用表检测故障点。

五、实验注意事项

(1) 各电路元器件分解后要按原样装回,不要丢失内部零件和螺钉等紧固件。
(2) 合理使用电工工具,注意电工安全操作规程。

实验三　常用电工仪器仪表的使用

一、实验目的

(1) 了解直流稳压电源、示波器、函数信号发生器的使用方法。
(2) 掌握交流毫伏表、万用表的基本使用方法。
(3) 掌握用示波器观察信号波形,测量振幅和周期(频率)的方法。

二、实验仪器

本次实验所需的实验仪器包括示波器、稳压电源、函数信号发生器、交流毫伏表、万用表等。

三、实验内容

1. 直流稳压电源的测量

将直流稳压电源分别调成表 1 - 7 中所示的数值,用万用表的直流电压挡分别测量直流稳压电源的读数,并将测量数据填入表 1 - 7 中。

表 1 - 7　直流电压的测量结果

稳压源表头指示	3 V	8 V	12 V	15 V	20 V	22 V	25 V	30 V
万用表读数								
相对误差/(%)								

2. 示波器校准信号的测量

示波器可以双踪显示,调试出两条扫线,用 CH1(或 CH2)观测示波器本身的校准信号,将测量数据填入表 1 - 8 中,并采用 DC 和 AC 挡,分别画出波形图,在图上标出 U_{p-p} 和周期 T。

表 1-8 方波信号的测量结果

校正信号	标称值	示波器旋钮位置		测量值	波形示意图
幅度 U_{p-p}	V	DIV	V/DIV	V	
频率 f	Hz	DIV	ms/DIV	Hz	

3. 函数信号发生器的测量

选定函数信号发生器为正弦波输出，用粗调和微调旋钮调节函数信号发生器的频率分别为 500 Hz、1 kHz、5 kHz、10 kHz，用毫伏表测量其输出电压有效值分别为 20 mV、200 mV、1 V、2 V。

调节好函数信号发生器的频率和幅值后，用示波器分别测试不同频率下的波形，通过测试波形图读出周期、频率和电压有效值，将测试数据及波形填入表 1-9 中。

表 1-9 交流电压的测量结果

正弦波频率	毫伏表	绘制示波器波形(标出周期和峰峰值)
500 Hz	20 mV	
1 kHz	200 mV	
5 kHz	1 V	
10 kHz	2 V	

4. 其他周期性信号的幅值、有效值及频率的测量

调节函数信号发生器，使其输出波形分别为正弦波、方波、三角波，信号频率为 2 kHz，信号的大小为 1 V（由交流毫伏表测出），用示波器测试波形，测量出周期和峰峰值，并计算频率和有效值，将数据填入表 1-10 中。

表 1-10　其他波形周期和峰峰值的测量结果

信号波形	函数信号发生器频率输出	交流毫伏表	示波器测量值		计　算	
			周期	峰峰值	频率	有效值
正弦波	2 kHz	1 V				
方波	2 kHz	1 V				
三角波	2 kHz	1 V				

四、实验数据处理

（1）根据表 1-8 中的实验数据，计算测量值和标称值的误差大小，并绘制校准方波曲线。

（2）根据表 1-9 中的实验数据，绘制正弦波曲线。

（3）各种周期性信号的有效值计算可参考表 1-11。

表 1-11　各种周期性信号有效值、峰峰值之间的关系

信号波形	全 波 整 流 后		
	$U_{有效值}/U_{平均值}$	$U_{平均值}/U_{p-p}$	$U_{有效值}/U_{p-p}$
正弦波	1.11	$2/\pi$	$1/\sqrt{2}$
方波	1.15	1.00	1.00
三角波	1.15	1/2	0.557

项目二

电路基本定律的验证

实验四　常用电子元器件的识别

一、实验目的

(1) 掌握常用电子元器件的识别方法。

(2) 掌握用万用表测量电子元器件的检测方法。

(3) 进一步熟悉万用表的使用方法。

二、实验仪器

本次实验所需的实验仪器包括电阻器、电位器、电容器、万用表等。

三、实验原理

1. 电阻器

通过电阻体上的颜色识别出阻值的大小及允许误差，这种方法称为色标法。常见的色标法有四环标注法和五环标注法，四环标注法一般用于普通电阻的标注，五环标注法一般用于精密电阻的标注(本次实验所给电阻元件两种标注法都有)。每条色环的颜色不同，代表的数值也不同。色环代表的具体意义如表 1 - 12 所示。

表 1 - 12　色 环 电 阻

颜　色	所代表的有效数字	乘　数	允许误差	颜　色	所代表的有效数字	乘　数	允许误差
银	—	10^{-2}	±10%	绿	5	10^5	±0.5%
金	—	10^{-1}	±5%	蓝	6	10^6	±0.2%
黑	0	10^0	—	紫	7	10^7	±0.1%
棕	1	10^1	±1%	灰	8	10^8	—
红	2	10^2	±2%	白	9	10^9	—
橙	3	10^3	—	无色	—	—	±20%
黄	4	10^4	—				

　　四环标注法的意义：左边第一、第二位色环表示有效数字，第三位色环表示乘数，即有效值后面有几个零，第四位表示允许误差。四环标注法示意图如图 1-25(a)所示，第一环黄色代表数字 4，第二环紫色代表数字 7，第三环黑色代表乘积 10 的 0 次方也就是 1(黑色是 0，代表零的个数是 0 个)，第四环棕色代表允许误差为 ±1%，则计算出来的阻值是 $47 \times 1 = 47\ \Omega$，又允许误差是 ±1%，所以阻值在 $46.53\ \Omega \sim 47.47\ \Omega$ 之间都是正常的。

　　五环标注法的意义：左边第一、二、三位为有效数字，第四位表示零的个数，第五位表示允许误差。五环标注法示意图如图 1-25(b)所示，第一环黄色代表数字 4，第二环紫色代表数字 7，第三环黑色代表数字 0，第四环红色代表乘积 10 的 2 次方也就是 100，第五环棕色代表允许误差为 ±1%，则计算出来的阻值是 $470 \times 100 = 47\ k\Omega$，又允许误差是 ±1%，所以阻值在 $46.53\ k\Omega \sim 47.47\ k\Omega$ 之间都是正常的。

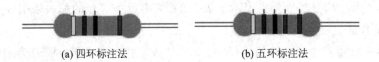

(a) 四环标注法　　　　　　　　(b) 五环标注法

图 1-25　四环标注法和五环标注法示意图

2. 电位器

　　电位器实际就是可变电阻器，它具有三个引出端，其阻值可按某种变化规律调节。电位器通常由电阻体和可移动的电刷组成。当电刷沿电阻体移动时，在输出端即获得与位移量成一定关系的电阻值或电压。电位器阻值的单位与电阻器的相同，基本单位是欧姆，用符号 Ω 表示。电位器在电路中用字母 R 或 R_P(旧标准用 R_W)表示，图 1-26 是其电路图形符号。

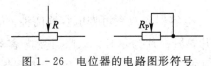

图 1-26　电位器的电路图形符号

3. 电容器

　　电容器能够存储电场能量，具有隔直流通交流的作用。常见电容器外形如图 1-27 所示。

图 1-27　常见电容器

1) 容量在 $0.1\ \mu F$ 以上的无极性电容器的检测

　　用万用表的欧姆挡($R \times 10\ k$)测量电容器两端时，如果表针向右微微摆动后又迅速摆至"∞"，则说明该电容器是好的。如果测量时万用表的指针一下向右摆到"0"之后不能回摆,则说明该电容器已被击穿(短路),不能使用。如果测量时万用表的表针向右微微摆动之后不能回摆到"∞",则说明该电容器有漏电现象,其电阻越小,漏电越大,该电容器的质量越差。如果测量时万用表的表针没有摆动,则说明该电容器断路,不能使用。

2) 容量在 $0.1\ \mu\mathrm{F}$ 以下的无极性电容器的检测

用万用表的欧姆挡($R\times10\,\mathrm{k}$)测量电容器两端时,其质量好坏判断标准同上。如果使用的万用表没有 $R\times10\,\mathrm{k}$ 挡,可用 $R\times1\,\mathrm{k}$ 挡测量,这时万用表的指针不动就是最好的。这只是粗略判断电容器好坏的方法,并不能排除它有断路的可能。

3) 电解电容器的质量检测

电解电容器的容量大,两引出线有极性之分,长脚为正极,短脚为负极。在电路中,电容器的正极接电位较高的点,负极接电位较低的点,若极性接错,则电容器有击穿爆裂的危险。外壳上,用"+""-"号分别表示正极、负极,靠近"+"号的那一条引线就是正极,另外的一条引线就是负极。

检测时,一般用万用表的欧姆挡($R\times1\,\mathrm{k}$),红表笔接电容负极,黑表笔接电容正极,迅速观察万用表指针的偏转状况。测量时,首先表针向右偏转,然后表针慢慢向左回转,并稳定在某一数值上。表针稳定后得到阻值是几百千欧以上,则说明被测电容器是好的。测量电解电容器的绝缘阻值时,如果测量时万用表的指针没有向右偏转,则说明该电容器的电解液已干涸,不能使用。如果测量时万用表的指针向右偏转到很小的数字,甚至为"0",且指针没有回转,则说明该电容器已被击穿,不能使用。如果测量时万用表的指针向右偏转后慢慢回叠,但最后稳定的数字在几百千欧以下,则说明该电容器有漏电现象发生,不能使用。

4) 可变电容器的检测

可变电容器分为单联可变电容器和双联可变电容器两种。单联可变电容器只有动片和定片之分,与轴相连的为动片,另一片为定片。双联可变电容器有三个引出线,中间的是动片,另外两个是定片。检测前,首先分清动片和定片,然后来回转动转轴,判断转动是否灵活,转不动或转不灵活的就不能使用了。检测时,一般用万用表的欧姆挡($R\times1\,\mathrm{k}$),把万用表的表笔分别与可变电容器的动片和定片相连接,来回缓慢转动其转轴,观察万用表的指针情况。如果万用表的指针始终在刻度线的"∞"处,则说明该可变电容器是好的;如果万用表的指针在刻度线的"0"处或有摆动现象,则说明该可变电容器的动片和定片之间有短路,不能使用。

4. 电感器

电感器即电感线圈,就是反映线圈存储磁场能量的电路元件,在电路中具有通直流、阻碍交流的作用。

电感器的精确测量要借助专用电子仪表,在不具备专用仪表时,可以用万用表测量电感器的电阻来大致判断其好坏。一般电感器的直流电阻应很小,低频扼流圈的直流电阻最多只有几百至几千欧姆,当测得电感器电阻为无穷大时,则表明该电感器内部或引出端已断线。

四、实验内容

1. 电阻器和电位器的测试

1）固定电阻器的测试

根据色环读出电阻标称值，再根据读出的阻值选择万用表欧姆挡的合适量程；将黑、红表笔对接，欧姆挡调零；测量电阻值，并将测量结果和标称值进行比较，结果记入表1-13中。

2）电位器的测试

根据电位器的标称值选择万用表欧姆挡的合适量程；将黑、红表笔对接，欧姆挡调零；测量电位器两端固定的电阻值，并将测量结果和标称值进行比较；观测固定和滑动端之间阻值变化情况，缓慢移动滑动端，如果万用表指针移动平稳，没有跳动现象，则表明电位器的电阻体良好。将测试结果记入表1-13中。

表1-13 电阻器和电位器的测试

电阻器/电位器	色环颜色	标称值	测量值	误 差
色环电阻1				
色环电阻2				
色环电阻3				
电位器1				
电位器2				

2. 电容器的测试

1）贴片电容器的测试

贴片电容器的电容值标在电容器表面上，没有正、负极之分，可以按电阻的测量方法进行测量。

选择万用表欧姆挡（$R \times 10\,\text{k}$）；将黑、红表笔对接，欧姆挡调零；用万用表的红、黑表笔分别接触电容器的两个引脚，观察万用表指针的摆动幅度，若此时指针不动，则把黑、红表笔对调，再次进行测量，若指针还是不动，两次测量结果都是无穷大，则说明贴片电容器正常。将测试结果记入表1-14中。

表1-14 电容器的测试

电子元器件	正向阻值	反向阻值	好 坏
贴片电容器			
电解电容器			

2）电解电容器的测试

初次测试前，可以用手同时接触两个引脚，借助于手短路进行放电。放电结束后，选择万用表欧姆挡（$R \times 10\,\text{k}$）；将黑、红表笔对接，欧姆挡调零；用万用表的红、黑表笔分别接触电容器的两个引脚，观察万用表指针的摆动幅度。在刚接触的瞬间，万用表的指针会向右摆动较大的偏转角度，接着逐渐向左摆回，最后停在无穷大处位置上。根据指针的摆动过程，可以判断该电解电容器有充放电过程，证明电解电容器正常。将测试结果记入表1-14中。

3. 电感器的测试

1）普通电感器的测试

选择万用表欧姆挡（$R\times1\ \Omega$）；将黑、红表笔对接，欧姆挡调零；用万用表的红、黑表笔分别接触电感器的两个引脚，若测量的阻值接近零，则说明电感器正常。将测试结果记入表1-15中。

表1-15 电感器的测试

电子元器件	正向阻值	反向阻值	好 坏
电感器			
变压器			

2）变压器的测试

绕在同一铁芯上的两个线圈就能构成一个变压器。变压器检测步骤如下：

（1）检查外观。通过仔细观察变压器的外貌来检查其是否有明显异常现象，如线圈引线是否断裂、脱焊，绝缘材料是否有烧焦痕迹，铁芯紧固螺杆是否松动，硅钢片有无锈蚀，绕组线圈是否有外露等。

（2）检测绝缘性能。用万用表的$R\times10\ k$挡分别测量铁芯与初级、初级与各次级的电阻值，静电屏蔽层与初、次级绕组间的电阻值。万用表指针均应指在无穷大位置不动，否则说明变压器绝缘性能不良。

（3）检测线圈通断情况。用万用表的$R\times1$挡分别测量变压器初、次级各个绕组线圈的电阻值。

（4）用万用表电阻挡分别测量初级和次级的电阻，电阻大的是初级绕组，接交流电压，电阻小的是次级绕组，接后级负载。如果是升压变压器，则反之。初级绕组的线径一般比较粗，次级绕组的线径较细，要正确区分。

五、实验数据处理

（1）根据表1-13中的实验数据，计算误差。

（2）根据表1-14和表1-15中的实验数据，判断电子元器件的好坏。

实验五 元件伏安特性的测试

一、实验目的

（1）熟悉万用表和直流稳压电源的使用方法。

（2）掌握线性电阻、非线性电阻元件伏安特性的测试方法。

二、实验仪器

本次实验所需的实验仪器包括电路分析实验箱、万用表、直流稳压电源等。

三、实验原理

任何一个二端电阻元件的特性都可以用该元件上的端电压 U 与流过该元件的电流 I 之间的函数关系 $U = f(I)$ 来表示，即可以用 $U - I$ 平面上的一条曲线来表征，这条曲线称为该电阻元件的伏安特性曲线。根据伏安特性的不同，电阻元件分两大类：线性电阻元件和非线性电阻元件。

线性电阻元件的伏安特性曲线是一条通过坐标原点的直线，如图 1-28(a) 所示，该直线的斜率只由电阻元件的电阻值 R 来决定，而且其阻值为常数，与元件两端的电压 U 和通过该元件的电流 I 无关。

非线性电阻元件的伏安特性是一条经过坐标原点的曲线，在不同的电压作用下，电阻值是不同的，即其阻值 R 不是常数。常见的非线性电阻元件很多，例如白炽灯丝、普通二极管、稳压二极管等。半导体二极管的伏安特性如图 1-28(b) 所示，其伏安特性曲线对于坐标原点是不对称的，由图可看出二极管的电阻值随着端电压的大小和极性的不同而不同，当直流电源的正极加于二极管的阳极而负极和二极管的阴极连接时（称为给二极管加正向电压），二极管的电阻值很小，反之，二极管的电阻值很大。

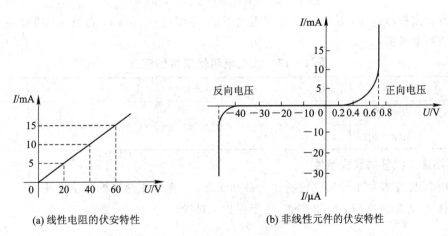

(a) 线性电阻的伏安特性　　　　　　　(b) 非线性元件的伏安特性

图 1-28　元件的伏安特性曲线

一般半导体二极管正向压降很小（锗二极管的导通电压为 0.2 V～0.3 V，硅二极管的导通电压为 0.5 V～0.7 V）。当二极管两端的正向电压增大到一定程度时，正向电流随正向电压的升高而急剧上升，而反向电压从零增加到十多甚至几十伏时，其反向电流增加很小，粗略地可视为零。可见，二极管具有单向导电性，但反向电压加得过高，超过管子的极限值，则会导致管子击穿损坏。

四、实验内容

1. 测量电阻值

用电阻箱取 5 个不同的电阻值，用万用表的电阻挡测量其电阻值，并将各电阻的标称值和测量值进行比较，计算误差。将测试数据填入表 1 - 16 中。

表 1 - 16　电阻值的测量

电　阻	R_1	R_2	R_3	R_4	R_5
标称值					
测量值					
误差					

2. 测定线性电阻的伏安特性

按照图 1 - 29 连接电路，图中的稳压电源 U 可调输出端通过直流电流表与 $R = 2\ \mathrm{k\Omega}$ 线性电阻相连，电阻两端的电压用万用表的直流电压挡测量。

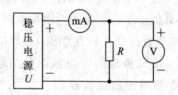

图 1 - 29　线性电阻伏安特性测试图

调节直流稳压电源，从 0 V 开始缓慢地增加（不能超过 10 V），在表 1 - 17 中记下相应的电压值和电流值。

表 1 - 17　线性电阻伏安特性测试

	U/V	0	2	4	6	8	10
I/mA	$R = 200\ \Omega$						
	$R = 1\ \mathrm{k\Omega}$						

3. 测定二极管的伏安特性

选用 2CK 型普通半导体二极管作为被测元件，二极管正向特性测试连接如图 1 - 30 所示，图中 R_P 为限流电阻，取 200 Ω，用于保护二极管。

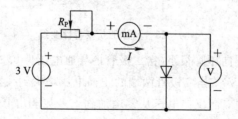

图 1 - 30　二极管正向特性测试图

按照图 1-30 连接电路，检查无误后，开启直流稳压电源，调节输出电压，用万用表的电流挡使其读数分别为表 1-18 中的数值，测量出对应的电压值，将测得的电压值填入表 1-18 中（测试二极管的正向特性时，其正向电流不得太大）。

表 1-18　二极管正向特性的测量

I/mA	0	0.02	0.1	0.5	1	3	6	10	20
U/V									

五、实验数据处理

(1) 根据伏安特性曲线，计算线性电阻的电阻值，并将其与标称值进行比较。

(2) 根据表 1-17、表 1-18 中的实验数据，绘制电阻和二极管的伏安特性曲线。

(3) 总结线性电阻与非线性电阻的伏安特性的区别。

实验六　基尔霍夫定律的验证

一、实验目的

(1) 验证基尔霍夫定律的正确性，加深对基尔霍夫定律的理解。

(2) 掌握用万用表测量各支路电流的方法。

(3) 掌握电路中电位的测量方法。

(4) 加深对电流、电压参考方向的理解。

二、实验仪器

本次实验所需的实验仪器包括电路实验箱、万用表、直流稳压电源等。

三、实验原理

1. 基尔霍夫定律

基尔霍夫定律有两个：基尔霍夫电流定律和基尔霍夫电压定律。

基尔霍夫电流定律也称基尔霍夫第一定律，简称 KCL。定律内容如下：在任一时刻，在电路的任一节点上，所有支路电流的代数和恒等于零，即 $\sum I = 0$。同时规定流出节点的电流前面取"＋"号，流入节点的电流前面取"－"号（也可以做相反规定）。而电流是流入节点还是流出节点，则应按照应用基尔霍夫定律之前所假设的参考方向来确定。

基尔霍夫电压定律也称基尔霍夫第二定律，简称 KVL。定律内容如下：在任一时刻，沿电路中任一闭合回路各段电压的代数和恒等于零，即 $\sum U = 0$。列方程之前，首先选定各元件（或支路）两端电压的参考方向和回路的绕行方向。凡是元件（或支路）的参考方向与绕行方向一致的，该电压取"＋"号，否则取"－"号。

2. 电位的概念

在电路中任意选择一点作为参考点，则某一点 a 到参考点之间的电压就称为 a 点的电位。参考点可以任意选定，一旦参考点选定了，电路中各点的电位也就确定了。选择的参考点不同，电路中各点的电位也不同，但是任意两点之间的电压不会改变。

四、实验内容

1. 验证基尔霍夫电流定律

给定电路如图 1-31 所示。本电路有两个节点、三条支路、三个回路、两个网孔。

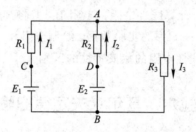

图 1-31　基尔霍夫定律验证电路图

（1）实验前先任意设定三条支路电流的参考方向（可以参考图 1-31 中 I_1、I_2、I_3 的方向设定）。

（2）按照图 1-31 连接好电路，其中电阻的取值都为 1 kΩ，即 $R_1 = R_2 = R_3 = 1$ kΩ。

（3）令 $E_1 = 3$ V，$E_2 = 6$ V，均以电压表测量的读数为准，按照图 1-31 分别将 E_1 和 E_2 两路直流稳压电源接入电路。

（4）检查连接电路无误后，打开电源。

（5）将万用表转换开关置于直流电流挡，将电流表串联在电路中，用表笔分别接三条支路的相应点，将电流表的读数记录在表 1-19 中（注意：测量各支路电流时，要断开此支路导线，将电流表串联在电路中）。

表 1-19　基尔霍夫电流定律的验证

被测量	I_1/mA	I_2/mA	I_3/mA	$\sum I$
计算值				
测量值				
相对误差				

2. 验证基尔霍夫电压定律

（1）实验前先任意选定每个回路的绕行方向（建议假设均为顺时针或均为逆时针，以便分析电路）。

（2）按照图 1-31 连接好电路，其中 $R_1 = 1$ kΩ，$R_2 = 1$ kΩ，$R_3 = 1$ kΩ。

（3）分别将两路直流稳压电源接入电路，令 $E_1 = 3$ V，$E_2 = 6$ V。

（4）检查电路无误后，打开电源。

（5）将万用表转换开关置于直流电压挡，用万用表分别测量每一个元件两端的电压，将测得的电压值填入表 1-20 中（注意电压表的正、负极）。

表 1-20　基尔霍夫电压定律的验证

被测量	U_{R_1}/V	U_{R_2}/V	U_{R_3}/V	$\sum U(\text{左})$	$\sum U(\text{右})$
计算值					
测量值					
相对误差					

五、实验数据处理

（1）根据表 1-19 中的实验数据，选定任一节点，验证 KCL 的正确性。
（2）根据表 1-20 中的实验数据，选定实验电路中的闭合回路，验证 KVL 的正确性。

实验七　叠加定理的验证

一、实验目的

（1）验证叠加定理。
（2）掌握用万用表测量电压和电流的方法。

二、实验仪器

本次实验所需的实验仪器包括电路实验箱、万用表、直流稳压电源等。

三、实验原理

叠加定理指出：在有多个电源共同作用下的线性电路中，通过每一个元件的电流或其两端的电压，可以看成是由每一个独立的电源单独作用时流过该元件的电流或在该元件上所产生的电压的代数和。

1. 验证方法

某一个独立电源单独作用时，其他电源均必须去掉（电压源短路，电流源开路），分别求出对应的电流分量和电压分量，然后将所有的分量进行叠加。例如，如图 1-32 所示，由各个电流的参考方向可知：图 1-32(a)中只有电源 E_1 单独作用于电路，图 1-32(b)中只有电源 E_2 单独作用于电路，图 1-32(c)中有两个电源共同作用于电路。

需要注意的是：在求电流或电压代数和的过程中，当电源单独作用时电流或电压的参考方向与共同作用时的参考方向一致时，对应的电流分量和电压分量取"+"号，否则取"−"号。

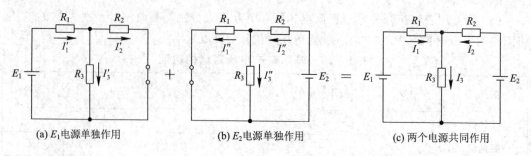

图 1-32　各个电流的参考方向

2. 注意事项

应用叠加定理时，必须注意以下几点：

（1）叠加定理只能计算线性电路的电流和电压。

（2）某个电源单独作用时，其他电源不起作用，即其他独立电压源的电压值为零（短路，但要保留内阻），其他独立电流源的电流值为零（开路，但要保留内阻）。其他元件的连接方式不应该有变动。

（3）当各分量的电流（或电压）参考方向与待求的电流（或电压）方向相同时取"＋"号，否则取"－"号。

（4）叠加定理只能用来求电流（或电压），不能用来求功率。

四、实验内容

1. E_1电源单独作用

（1）用万用表测量直流电源 $E_1 = 12$ V，按图 1-32(a)连接电路，图中 $R_1 = R_2 = R_3 = 1$ kΩ。

（2）用万用表测量各支路电流及各电阻元件两端的电压，将测得的数据填入表 1-21 中。

2. E_2电源单独作用

（1）用万用表测量直流电源 $E_2 = 6$ V，按图 1-32(b)连接电路，图中 $R_1 = R_2 = R_3 = 1$ kΩ。

（2）用万用表测量各支路电流及各电阻元件两端的电压，将测得的数据填入表 1-21 中。

3. E_1、E_2电源共同作用

（1）用万用表测量直流电源 $E_1 = 12$ V、$E_2 = 6$ V，按图 1-32(c)连接电路，图中 $R_1 = R_2 = R_3 = 1$ kΩ。

（2）用万用表测量各支路电流及各电阻元件两端的电压，将测得的数据填入表 1-21 中（测量各电阻元件两端电压时，电压表的红表笔（正）应接到被测电阻元件电压参考方向的正端，电压表的黑表笔（负）应接到被测电阻元件的另一端；用电流挡测量各支路电流时，应注意仪表的极性，及数据表格中"＋""－"号的记录）。

改变 E_1、E_2 的输出电压值，令 $E_1 = 12$ V，$E_2 = 12$ V，重复以上实验步骤，分别测量 E_1电源单独作用、E_2电源单独作用及 E_1、E_2电源共同作用时的电压和电流值，将测试数据填入表 1-22 中。

表 1 - 21　验证叠加定理$(E_1 = 12 \text{ V}, E_2 = 6 \text{ V})$

实验内容	E_1/V	E_2/V	I_1/mA	I_2/mA	I_3/mA	U_{R_1}/V	U_{R_2}/V	U_{R_3}/V
E_1单独作用	12	0						
E_2单独作用	0	6						
E_1、E_2共同作用	12	6						

表 1 - 22　验证叠加定理$(E_1 = 12 \text{ V}, E_2 = 12 \text{ V})$

实验内容	E_1/V	E_2/V	I_1/mA	I_2/mA	I_3/mA	U_{R_1}/V	U_{R_2}/V	U_{R_3}/V
E_1单独作用	12	0						
E_2单独作用	0	12						
E_1、E_2共同作用	12	12						

五、实验数据处理

（1）根据表 1 - 21 和表 1 - 22 中的实验数据，通过理论计算各支路电流和各电阻元件两端电压，验证线性电路的叠加性。

（2）比较表 1 - 21 和表 1 - 22 中的实验数据，总结得出的结论。

实验八　RLC 串联电路的研究

一、实验目的

（1）熟悉函数信号发生器、示波器的使用方法。

（2）加深理解 RLC 串联电路中各元件电压间的关系。

（3）掌握用毫伏表测量电路频率特性的方法。

二、实验仪器

本次实验所需的实验仪器包括电路分析实验箱、函数信号发生器、交流毫伏表、示波器等。

三、实验原理

RLC 串联电路如图 1 - 33 所示。当正弦电流 i 通过 RLC 元件时，在元件上分别产生的电压降为 u_R、u_L、u_C，根据 KVL 得 $U_S = \dot{U}_R + \dot{U}_L + \dot{U}_C$，其中 $\dot{U}_S = \dot{I}R = \dot{I}\left(R + j\omega L + \dfrac{1}{j\omega C}\right) = \dot{I}Z$，令 $Z = R + j\left(\omega L - \dfrac{1}{\omega C}\right)$，$X = \omega L - \dfrac{1}{\omega C} = X_L - X_C$，则 Z 称为复阻抗，单位是欧姆，X 称为电抗，单位也是欧姆。

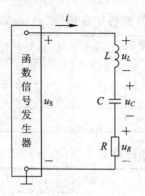

图 1-33　RLC 串联电路

在电路参数一定时，当不同频率的正弦激励作用于电路时，会使 Z 出现下列三种可能的取值，电路所反映的性质也不同。

若 $X_L > X_C$，则 $X > 0$，$\varphi > 0$，称阻抗 Z 为感性阻抗，电压超前电流，电路呈感性。

若 $X_L < X_C$，则 $X < 0$，$\varphi < 0$，称阻抗 Z 为容性阻抗，电压滞后电流，电路呈容性。

若 $X_L = X_C$，则 $X = 0$，$\varphi = 0$，称阻抗 Z 为电阻性阻抗，电流与电压同相，电路出现谐振现象。

四、实验内容

1. RLC 串联电路各元件电压的测量

RLC 串联电路测试原理图如图 1-34 所示，函数信号发生器输出电压 $U = 2$ V 恒定（用毫伏表测量）的正弦波，其中各元件取值分别为 $L = 0.2$ H，$C = 0.5$ μF，$R = 100$ Ω。信号源的频率按表 1-23 所列频率变化时，分别用毫伏表测量电路中各元件两端的电压，将测试数据填入表 1-23 中。按照公式计算出电路总电压的值，并将其与实际值进行比较，计算相对误差。

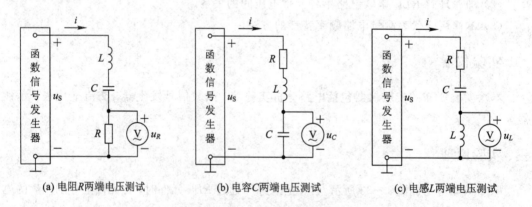

(a) 电阻R两端电压测试　　　　(b) 电容C两端电压测试　　　　(c) 电感L两端电压测试

图 1-34　RLC 串联电路测试原理图

测试过程中需要注意：为了使函数信号发生器和毫伏表的"地"端连在一起，在测量各元件端电压时，需将测试元件换到电路接地端位置，测量 R 两端电压按图 1-34(a)连接电路，测量 C 两端电压按图 1-34(b)连接电路，测量 L 两端电压按图 1-34(c)连接电路。

表 1 - 23　各元件端电压测试

频率/Hz	U_R/V	U_C/V	U_L/V	信号源电压 U/V	
				计算值	测量值
500					
1000					
2000					

2. RLC 串联电路的电压和电流关系测量

按图 1 - 35 连接电路，将示波器的 CH1 端子接到电路总电源两端，CH2 端子接到电路中的电阻两端（RLC 串联电路中，电阻 R 两端的电压和流过电路中的电流同相位）。

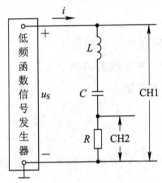

图 1 - 35　RLC 串联电路的电压和电流关系测试图

函数信号发生器输出电压 u_S＝1 V 的正弦波，其中各元件的取值分别为 L＝0.1 H，C＝0.1 μF，R＝100 Ω，改变函数信号发生器的频率时，测量表 1 - 24 中相应的数据，并绘制 u_S 和 i 的波形图。

表 1 - 24　RLC 串联电路性质

频率/Hz	计算值		u_S 和 i 的波形	电路性质 （感性、容性、纯电阻性）	相位差	
	X_L	X_C				
500					理论值	实测值
1500						
2000						

根据测量数据和测试波形，判断电路性质是感性、容性还是纯电阻性，并由波形图计算电压和电流之间的相位差，将结果填入表 1 – 24 中。

五、实验数据处理

(1) 将表 1 – 23、表 1 – 24 中的实验测量数据与理论值相比较，分析误差原因。
(2) 总结 RLC 串联电路的特点。

实验九　RLC 串联谐振电路的研究

一、实验目的

(1) 掌握函数信号发生器、示波器的使用方法。
(2) 掌握用毫伏表测量电路频率特性的方法。
(3) 掌握串联谐振电路的测试方法。

二、实验仪器

本次实验所需的实验仪器包括电路分析实验箱、函数信号发生器、交流毫伏表、示波器等。

三、实验原理

1. 谐振条件

RLC 串联电路如图 1 – 36 所示，其中 $L = 0.1$ H，$C = 0.5$ μF，$R = 100$ Ω。电源电压 $U_S = 1$ V 恒定时，改变输入信号的频率，当满足 $\omega L = \dfrac{1}{\omega C}$ 时，电路会发生串联谐振，即 $\omega = \omega_0$，谐振时电路呈纯阻性，电路中电流达到最大值，此时电流称为谐振电流 I_0，谐振时的频率称为谐振频率 f_0。谐振频率也可以通过公式 $f_0 = \dfrac{1}{2\pi\sqrt{LC}}$ 计算得出。

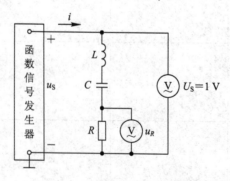

图 1 – 36　RLC 串联谐振电路

2. 电路谐振时的特性

（1）串联谐振时，电路中的电压和电流同相位。由于回路总电抗 $X_0 = \omega_0 L - \dfrac{1}{\omega_0 C} = 0$，因此回路阻抗最小，整个电路相当于纯电阻电路，电源电压与回路的响应电流同相位。

（2）品质因数。由于感抗与容抗相等，因此电感上的电压 U_L 与电容上的电压 U_C 数值相等，相位相差 $180°$。电感上的电压（或电容上的电压）与激励电压之比称为品质因数 Q，即

$$Q = \frac{U_L}{U_S} = \frac{U_C}{U_S} = \frac{\omega_0 L}{R} = \frac{1}{\omega_0 CR} = \sqrt{\frac{L}{CR^2}}$$

在 L 和 C 的值一定的条件下，Q 值仅仅决定于回路中电阻 R 的大小。

（3）在电源电压值（有效值）不变的情况下，回路中的电流 $I = \dfrac{U_S}{R}$ 最大。

3. 串联谐振电路的频率特性

当电路中的 L 和 C 保持不变时，改变 R 的大小，可以得出不同 Q 值的电流的幅频特性曲线，如图 1-37 所示，$Q_1 < Q_2$。显然，Q 值越高，曲线越尖锐，通频带越窄，电路的选择性越好。

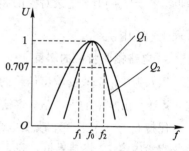

图 1-37　幅频特性曲线

四、实验内容

1. 谐振频率 f_0 的测试

按图 1-36 连接电路，信号源的波形为正弦波，电源为事先调好的函数信号发生器 $U_S = 1\,V$ 不变（可用毫伏表测量），毫伏表接在电阻 R 两端，观察 U_R 值的大小。根据 $f_0 = \dfrac{1}{2\pi\sqrt{LC}}$ 计算出谐振频率的理论值，在谐振频率附近改变输入信号的频率，使 U_R 达到最大值 $U_R = U_{R0}$，即电路发生谐振，此时的频率即为 f_0。谐振频率可以由示波器测试波形读出，或在函数信号发生器上直接估读出来。谐振电流根据 $I_0 = \dfrac{U_{R0}}{R}$ 计算得出。将结果填入表 1-25 中。

表 1-25　RLC 串联谐振

测　量　值						计　算　值			
U_R/V	f_0/Hz	f_1/Hz	f_2/Hz	U_{C0}/V	U_{L0}/V	$Q = \dfrac{U_{C0}}{U_S}$	$Q = \dfrac{f_0}{\Delta f}$	$Q = \sqrt{\dfrac{L}{CR^2}}$	$I_0 = \dfrac{U_{R0}}{R}$

2. 品质因数 Q 的测量

电路谐振时，用毫伏表测量电容和电感两端的电压 U_{C0}、U_{L0}，根据公式 $Q=\dfrac{U_{C0}}{U_s}$ 计算出 Q 值，将此结果填入表 1-25 中。

注意：谐振时 U_{C0} 和 U_{L0} 的数值较大，用毫伏表测试时，应选择较大的量程，指针无反应或偏转角度较小时，再逐渐改变成小量程。

谐振时，递增或递减频率，用毫伏表随时监测 U_R 的大小，当幅度下降为最大值的 $\dfrac{1}{\sqrt{2}}$ $\left(\text{即}\ U_R=\dfrac{1}{\sqrt{2}}U_{R0}\right)$ 时，记录对应的频率，即 f_1 和 f_2，由公式 $Q=\dfrac{f_0}{\Delta f}$ 计算出 Q 值，将此结果填入表 1-25 中。

3. 电路幅频特性的测量

以 f_0 为中心，改变输出信号的频率，用毫伏表测量相应的 U_R。在 f_0 附近选取几个测试点，并计算出相应的电流值，将结果填入表 1-26 中。

保持 $U_s=1$ V 不变，改变电阻值 R，当 $R=50\ \Omega$，即改变了电路的品质因数 Q 值时，重复实验内容 1，将结果填入表 1-26 中。

表 1-26 电路幅频特性的测量数据

f/kHz		$f_0=$						
f/f_0		1						
U_s/V		1	1	1	1	1	1	1
$R=100\ \Omega$	U_R/mV							
	$I_0=U_{R0}/R$							
$R=50\ \Omega$	U_R/mV							
	$I_0=U_{R0}/R$							

五、实验数据处理

(1) 根据表 1-26 中的实验数据，绘制不同 Q 值下的幅频特性曲线，要求横坐标为 f/f_0，纵坐标为 I/I_0，并对结果进行分析。

(2) 通过实验总结出 R、L、C 串联谐振电路的主要特点。

(3) 实验中，当电路发生串联谐振时，是否有 $U_{C0}=U_{L0}$，若等式不成立，试分析其原因。

项目三

电路综合实训

实训一　分压器的设计

一、实训目的

（1）掌握使用万用表测量电压和电流的方法。

（2）了解电阻分压的特点，利用电阻分压原理设计分压器。

二、实训仪器

本次实训所需的实训仪器包括电阻、万用表、直流稳压电源等。

三、实训原理

分压器按其结构可以分为电阻式分压器、电容式分压器、串联电容式分压器和并联阻容式分压器。本次实训采用电阻式分压器，其原理图如图 1-38 所示。分压器的工作原理遵从欧姆定律：$U=IR$。当输入电源电压 U_S 施加在分压器输入端时，电流会同时流过电阻。因此，根据欧姆定律，每个电阻两端所形成的电压将是输入电源电压的一部分。这样，输入电源电压被"分"成两个电压。根据分压公式，可得输出电压和输入电压及电阻的关系式：

$$\frac{U_{R_2}}{U_\text{S}} = \frac{IR_2}{I(R_\text{P}+R_2)} = \frac{R_2}{R_\text{P}+R_2}$$

由公式可知，输出电压取决于输入电源电压和电阻 R_P 和 R_2 的值。若电源电压和 R_2 阻值固定，则通过调整 R_P 即可调节输出电压的大小。

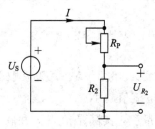

图 1-38　分压器原理图

四、实训内容

(1) 按图 1-38 连接电路，图中 $R_P = 10$ kΩ，$R_2 = 2$ kΩ，$U_S = 12$ V。

(2) 用万用表测试直流稳压电源的电压值(12 V)，依据表 1-27 中的数据调节 R_P，用万用表测量 R_2 两端的电压，用万用表测量电流，将结果计入表 1-27 中。

表 1-27 测 试 数 据

$U_S = 12$ V	$R_P = 10$ kΩ	$R_P = 4$ kΩ	$R_P = 2$ kΩ	$R_P = 1$ kΩ	$R_P = 0$ Ω
U_{R_2} 理论值					
U_{R_2} 测量值					
I 测量值					

注意：每次调节 R_P 值时，先断开电源，调节完毕后，再接通电源，用万用表测试；测量电流时，将万用表串联到电路中，不要将表笔直接跨接在电阻 R_2 两端测试电流。

五、实训数据处理

根据表 1-27 中的实训数据，总结电阻串联的分压特点。

实训二 万用表的设计与组装

一、实训目的

(1) 熟悉常用电子仪器仪表的使用方法。

(2) 掌握万用表检测和识别电子元器件的方法。

(3) 了解万用表扩量程的基本原理。

二、实训仪器

本次实训所需的实训仪器包括电路实验箱、电路板、万用表组装套件、万用表等。

三、实训原理

1. 直流电流挡电路设计

现有一万用表，其表头灵敏度为 46.2 μA。表头灵敏度是指表头指针满偏时，允许通过的最大电流值，灵敏度越高，电流值越小。

在直流电路中，给小量程扩量程，实际是给表头并联分流电阻达到扩大量程的目的。实际电路如图 1-39 所示。

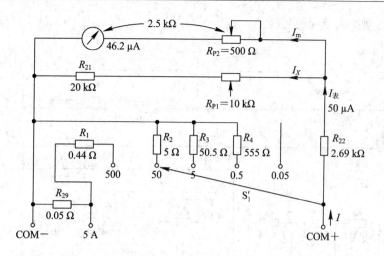

图 1 - 39　直流电流挡电路

（1）等效表头的设计。允许通过的最大电流是 $I_m = 46.2\ \mu A$（给定条件），利用分流原理，与表头并联一个分流电阻，使等效满偏电流为整数 $50\ \mu A$。

图 1 - 39 中分流电阻中的电流为

$$I_X = \frac{2.5 \times 10^3 \times 46.2 \times 10^{-6}}{30 \times 10^3} = 3.8\ \mu A$$

等效表头的满偏电流为

$$I_{表} = I_m + I_X = 50\ \mu A$$

分流电阻为

$$R_{21} + R_{P1} = 20 + 10 = 30\ k\Omega$$

等效表头内阻为

$$R_S = 30\ /\!/\ 2.5 + R_{22} = 2.31 + 2.69 = 5\ k\Omega$$

（2）量程设计分析。

① 0.05 mA 挡：将 S_1' 拨至（空挡）0.05，有

$$I = I_{表} = 50\ \mu A = 0.05\ mA$$

② 500 mA 挡：将 S_1' 拨至 500，有

$$I = \frac{5 \times 10^3}{R_1 + R_{29}} \times 50 \times 10^{-6} + 50 = 510 \times 10^3 \times 10^{-6} \approx 500\ mA$$

或可以近似计算为

$$I \approx \frac{5}{0.55 + 0.44} \times 50 \times 10^{-6} = 500\ mA$$

③ 5A 挡：将 S_1' 拨至 5，有

$$I = \frac{5 \times 10^3 + 0.44}{0.55} \times 50 \times 10^{-3} = 5000\ mA = 5\ A$$

2. 直流电压挡电路设计

直流电压挡电路如图 1 - 40 所示。在实际电路中，等效表头的满偏电压为 $U_m = 50 \times 10^{-6} \times 5 \times 10^3 = 0.25\ V$，要测量超过 0.25 V 的电压，就需扩大量程，一般利用串联电阻分

压的原理，达到扩大量程的目的。

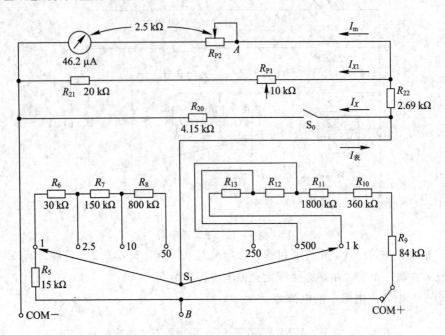

图 1-40　直流电压挡电路

（1）等效表头的设计。等效表头电流为

$$I'_{\text{表}} = I_{\text{m}} + I_{X1} = 50\ \mu\text{A}$$

等效表头电阻为

$$R'_{\text{s}} = \frac{2.5 \times 30}{2.5 + 30} + 2.69 = 5\ \text{k}\Omega$$

表头满偏电压为

$$U_{\text{m}} = 50 \times 10^{-6} \times 5 \times 10^{3} = 0.25\ \text{V}$$

（2）量程设计分析。

① 50 V 以下量程：

1 V 量程：

$$U = (R_5 + R'_{\text{s}}) \times 50 \times 10^{-6} = (15 + 5) \times 10^{3} \times 50 \times 10^{-6} = 1\ \text{V}$$

2.5 V 量程：

$$U = (R_5 + R_5 + R'_{\text{s}}) \times 50 \times 10^{-6} = (15 + 30 + 5) \times 10^{3} \times 50 \times 10^{-6} = 2.5\ \text{V}$$

依次类推，有

10 V 量程：

$$U = (R_5 + R_5 + R_6 + R'_{\text{s}}) \times 50 \times 10^{-6} = 10\ \text{V}$$

50 V 量程：

$$U = (R_5 + R_5 + R_6 + R_7 + R'_{\text{s}}) \times 50 \times 10^{-6} = 50\ \text{V}$$

② 50 V 以上量程：

250 V 量程：开关 S_0 闭合，$I_X = \dfrac{2.5}{4.15} \times 46.2 = 60\ \mu\text{A}$，则等效表头电流为

$$I''_{\text{表}} = I_m + I_{X1} + I_X = 110.24 \ \mu A$$

表头等效电阻为

$$R''_S = \frac{5 \times 4.15}{5 + 4.15} \approx 2.3 \ \mathrm{k\Omega}$$

所以 250 V 量程：

$$U = (R_9 + R_{10} + R_{11} + R''_S) \times 110 \times 10^{-6} \approx 250 \ \mathrm{V}$$

依次类推，500 V 量程：

$$U = (R_9 + R_{10} + R_{11} + R_{12} + R''_S)I''_{\text{表}} \approx 500 \ \mathrm{V}$$

3. 交流电压挡电路设计

万用表的表头是磁电式仪表，只能测量直流，如果测量交流，可以采用整流器转换装置，一般由半波整流和全波整流电路组成。此处我们采用半波整流，交流电压挡电路如图 1-41 所示。

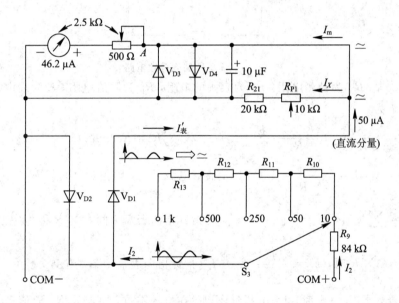

图 1-41 交流电压挡电路

（1）工作原理。表头采用半波整流，且有

$$I_{\text{平均值}} = 0.9 I_{\text{有效值}}$$

$$I'_{\text{表}}(\text{直流分量}) = I_m + I_X = 46.2 + \frac{2.5}{30} \times 46.2 = 50 \ \mu A$$

$$R'_S = \frac{2.5 \times 30}{2.5 + 30} = 2.31 \ \mathrm{k\Omega}$$

$$U_{\text{表}} = I'_{\text{表}} R'_S = 50 \times 2.31 = 0.116 \ \mathrm{V}$$

$$I_2 = \frac{I'_{\text{表}}}{0.9} \times 2 = 111.1 \times 10^{-6} \mathrm{A} = 111 \ \mu A$$

V_{D3}、V_{D4} 的作用是保护表头。

（2）量程设计。

50 V 量程：

$$U = I_2 \times (R_9 + R_{10}) + U_{V_D} + U_{表}$$

$$= 111 \times 10^{-6} \times (84 \times 10^3 + 360 \times 10^3) + 0.6 + 0.116$$

$$\approx 50 \text{ V}$$

4. 欧姆挡电路设计

应用万用表测量电阻时，应该把转换开关 S 拨到"Ω"挡的位置，使用内部干电池作电源，测量电路由外接的被测电阻、R_{P1}、R_{14}、R_{15}、E 和表头等部分组成闭合回路，形成的电流使表头指针偏转，进而达到测量电阻的目的。简单的欧姆表的等效电路如图 1-42 所示。

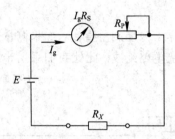

图 1-42 简单欧姆表等效电路

图 1-42 中，R_X 为被测电阻，R_S 为表头的电阻，R_P 为限流电阻，E 为表内电源，则电路中的电流 I 为

$$I = \frac{E}{R_S + R_P + R_X} \quad (\text{设} \sum R = R_S + R_P)$$

当 $R_X = 0$ 时，$I' = \dfrac{E}{\sum R} = I_m$（指针满偏，电流最大，阻值为零）。

当 $R_X = \sum R$ 时，$I'' = \dfrac{E}{2\sum R} = \dfrac{1}{2} I_m$（指针指向表盘中间，$\sum R$ 称为中值电阻）。

当 $R_X = 2\sum R$ 时，$I'' = \dfrac{E}{3\sum R} = \dfrac{1}{3} I_m$（指针指向表盘中偏左位置）。

依次类推，当 $R_X \to \infty$ 时，$I \approx 0$（指针不动，在机械零点，电流为零，阻值最大）。

从以上分析可以看出，I 和 R_X 不成线性比例，被测电阻越小，电路中的电流越大，反之，被测电阻越大，则电路中的电流越小。因此通过表头的电流值即可间接反映出被测电阻的阻值。表面看来，$0 \sim \infty$ 之间的所有被测阻值都包括在刻度范围内，但是实际上只有 $(1/5)\sum R \sim 5\sum R$ 这一范围内的电阻值才能够准确测量，而靠近两端刻度线的测量准确度极低，也不容易读出数据。因此在使用欧姆表时，要选择合适的量程（即选择合适的中值电阻），以得到准确的测量值。

为了改变欧姆表的量程（即改变中值电阻），通常的办法是给表头并联一个分流电阻。本次实训采用的欧姆挡电路如图 1-43 所示。

(1) 依据电路原理可知表头内阻，设 $R_P' = R_P'' = 5 \text{ k}\Omega$，则等效内阻为

$$R_S' = (2.5 + R_P') \mathbin{/\mkern-5mu/} (R_{21} + R_P'') = 5.8 \ \Omega$$

$$R_S'' = R_S' + R_{14} = 5.8 + 17.3 = 23.1 \text{ k}\Omega$$

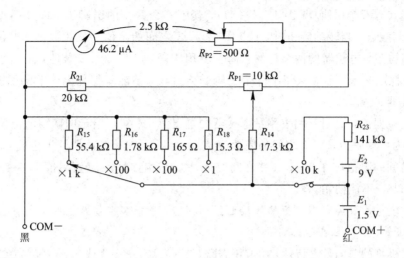

图 1-43　欧姆挡电路

（2）调零：移动可变电阻 R_{P1} 的触头（触头向右移动），使经过表头的电流增加，表针达到满偏（即表针指零），以达到调零的目的。

（3）各挡电路中值电阻设计分析：

① ×1 挡：$R_{m1} = R''_S \mathbin{/\!/} R_{18} = 15.3\ \Omega$，实际标称值为 16.5 Ω（由于电池有内阻）。

② ×10 挡：$R_{m2} = R''_S \mathbin{/\!/} R_{17} = 163.8\ \Omega$，实际标称值为 16.5×10 Ω。

四、实训内容

1. 常用电子元器件的识别与测量

1）电阻元件

电阻元件阻值的识别参见知识链接二中的内容，先通过色环法直接读出电阻值，然后用万用表测量阻值是否正确，判断电阻元件的好坏，并计算出电阻值的误差。如果误差过大，应立即调换。

2）可调电阻器

可调电阻器又称电位器，其外形图如图 1-44(a)、(b)所示，图 1-44(c)为电路符号。3 端为中心抽头，调节 3 端可改变 1 端与 3 端和 3 端与 2 端之间的阻值。轻轻拧动电位器的黑色旋钮，可以调节阻值大小。

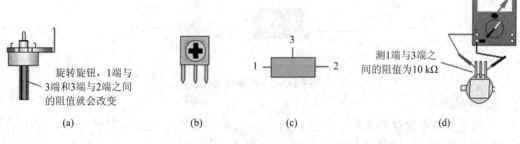

图 1-44　可调电阻器及其测量

电位器共有五个引脚(见图 1-44(d)),其中三个并排的引脚中,1、2 两点为固定触点,3 为可调触点,当转动旋钮时,1、3 或者 2、3 之间的阻值会发生改变。电位器实质上是一个滑线电阻,电位器的两个粗的引脚主要用于固定电位器。安装时,应该捏住电位器的外壳,平稳地插入,不应该使某一个引脚受力过大,不能只捏住电位器的引脚安装,以免损坏电位器。

安装电位器前,应用万用表测量电位器的电阻值。本实训给定的调零电位器 1、2 为固定触点,3 为可调触点,1、2 之间的阻值应该为 10 kΩ,拧动电位器的黑色旋钮,1 与 3 或者 2 与 3 之间的阻值应在 0~10 kΩ 之间变化。如果没有阻值,或者阻值不改变,则说明电位器已经损坏,不能使用。

注意:电位器要装在线路板的焊接面(即绿面),不能装在线路板的黄色一面。

3) 二极管、保险丝夹

利用二极管的单向导电特性,用万用表欧姆挡(×10、×100 或×1 k 挡)判断二极管的极性。黑表笔接一个电极,红表笔接另一个电极,若万用表指针有一定的偏转(符合前面介绍的二极管的正向电阻数值范围),则表明黑表笔所接的电极是二极管的正极;反之,若万用表指针偏转很小(符合前面介绍的二极管的反向电阻数值范围),则表明黑表笔所接的电极是二极管的负极。如果万用表指针不动或偏转为零,则说明二极管已经损坏,不能再使用。

二极管的电路符号和保险丝夹如图 1-45 所示,其中图 1-45(a)为二极管的外形图,图 1-45(b)为保险丝夹。

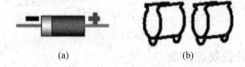

(a)   (b)

图 1-45　二极管和保险丝夹

4) 电解电容

本次实训使用的电容有普通电容和电解电容。普通电容使用时不用分极性,所以不再介绍。而电解电容在使用时,必须分正、负极性,如果使用不当,则达不到预期的效果,甚至会损坏元器件。

电解电容极性判断:在电解电容侧面有"一"符号的一端是电解电容的负极,另一端是电解电容的正极。如果电解电容上没有标明正负极,也可以根据其引脚的长短来判断,长脚为电解电容的正极,短脚为电解电容的负极。电解电容外形图如图 1-46(a)所示,图 1-46(b)是电解电容的电路符号。

(a)   (b)

图 1-46　电解电容

5) 转换开关

转换开关触点接触要紧密,导电性应良好,旋转时既轻松又要具有弹性,打到相应的挡位时可以听到清脆的嗒嗒声,而且不应左右晃动。

2. 原理图的正确识读

通过对原理图的学习，能够把原理图中的各个功能挡分解开来。通过实训，应该熟练掌握原理图和装配图之间的转换。在原理的论述中，我们已经对各功能挡作了详细介绍，这里不再重复。

3. 印制电路板的认识

在印制电路板上能快速找到原理图对应的元器件，以便检查故障。

4. 万用表的整体安装与调试

(1) 配置表头，根据已知条件，测试表头的满偏电流、等效内阻。

(2) 根据设计要求，计算所需的分流电阻和分压电阻，检查元器件。

(3) 检查元器件均完好后，进行整体安装。整体焊接时应注意以下几点：

① 焊点高度一般在 2 毫米左右为佳，焊点应该牢固、光亮、圆润，没有毛刺，直径应该与焊盘大小相一致。

② 焊锡不能粘到转换开关连接处。

③ 焊接的元器件焊点大小应该一致，引线高度相同，电容、二极管、电位器等元器件的标记应该向外，以便核对和检查故障。

(4) 核对组装好的万用表，确认无误后，开始整机调试。

5. 万用表整机调试

1) 直流电流挡的校准调试

按图 1-47 连接电路，调节可变电阻 R_P，分别校准各个量程。

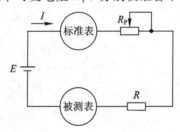

图 1-47　直流电流挡校准电路

2) 直流电压挡的校准调试

按图 1-48 连接电路，改变直流电源的电压，比较标准表和被测表的读数，确定本次组装是否正确。

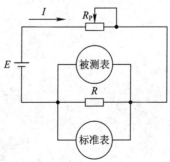

图 1-48　直流电压挡校准电路

3）交流电压挡的校准调试

在指导教师的指导下，进行交流电压挡的测试。比较被测表和标准表的读数，分析误差。如果二者读数偏差较大，则说明二极管有可能装错或已经损坏。

4）欧姆挡的校准调试

取一个可调标准电阻箱，调节阻值为 500 Ω、15 kΩ、100 kΩ，用被测表分别测量出数值，并与标准值相比较，计算出误差。

经过以上各挡位的分别校准调试，如果数据不正确，则检查相应的电路，排除故障，完毕后可装机，盖好后盖。

五、实训验收

（1）检查整机外观是否清洁完整，是否存在烫伤及缺损现象。

（2）检查印制电路板中元器件安装是否整齐，焊点是否光亮、美观，是否存在虚焊、假焊和桥接现象。

（3）将各挡调试数据填写在自拟的表格中，计算出误差值。

第二部分

模拟电子技术

知 识 链 接 二

一、模拟电路实验箱

模拟电子技术部分实验与电工电路部分实验一样，实验中也存在着大量的电路连接问题，同时还有大量的数据测试，若电路出现虚接，会直接影响实验的测试结果，而模拟电路实验箱可以将集成模拟电路焊接在电路板上，其使用灵活，便于管理与维修，并可随意扩充实验内容。

（一）模拟电路实验箱简介

模拟电路实验箱采用先进的两用板工艺，正面贴 PC 膜，且印有原理图及符号，反面为印制导线并焊有相应元器件，需要测量及观察的地方装有自锁紧式接插件，使用直观、可靠。使用模拟电路实验箱可完成低频模拟电子技术课程所规定的二十多种实验。

模拟电路实验箱主要由直流电源、信号源、电路实验区等组成。电路实验区可完成单管交流放大电路、两级交流放大电路、负反馈放大电路、电压跟随电路、直流差动放大电路、RC 正弦波振荡电路等十余种基础实验，加上可扩展实验区面包板就可以完成二十多种实验。

（二）基本结构和技术性能

1. 电源输入、输出

实验箱电源输入交流电压 220 V，可输出两种直流电源，一种是两路直流电压±12 V，另一种是输出两路连续可调的直流电压 1.3 V～15 V。

2. 信号源

1）输出波形

信号源输出的波形是方波、三角波、正弦波。

2）幅值

信号源输出三种波形的幅值范围是：方波的 U_{p-p} 为 0 V～20 V；三角波的 U_{p-p} 为 0 V～10 V；正弦波的 U_{p-p} 为 0 V～10 V。

3）频率范围

频率可调脉冲源输出分 4 挡：10 Hz～100 Hz，100 Hz～1 kHz，1 kHz～10 kHz，10 kHz～100 kHz，由开关切换，输出连续可调的波形。

3. 元件库

元件库备有电阻、电容、二极管、稳压管、喇叭、光耦、风扇（模拟电机）、集成稳压器件等元器件，供实验选用。

4. 电路实验板

电路实验板共 5 块，可完成低频模拟电子技术课程所规定的多种实验，其接插件有两种，分别为 $\phi2$ 自锁紧可叠插式插座和 $\phi0.5$ 弹性插孔（与面包板兼容）。

5. 扩展实验区

扩展实验区备有两种面包板，实验连接线分别为 $\phi0.5$ 的单股导线和自锁紧，可用于扩展综合性实验和课程设计实验。

6. 圆孔型双列直插式集成电路插座

圆孔型双列直插式集成电路插座包括 8 脚 4 个、14 脚 3 个、24 脚 1 个、40 脚 1 个。

二、毫伏表

测量交流电压时，通常我们会想到用万用表，但使用指针式万用表难以测量有些交流电压。因为交流电的频率范围很宽（从几赫兹到几千兆赫兹），而指针式万用表是以 50 Hz 交流电的频率为标准生产的；其次，指针式万用表的灵敏度不够高，有些交流电的幅度很小（只有几毫伏，甚至几毫微伏），灵敏度再高的万用表也无法测量。另外，交流电的波形种类很多，除了正弦波以外，还有方波、锯齿波、三角波等。因此有些交流电压必须用专门的毫伏表来测量，如 DA-16 型晶体管毫伏表、ZN2270 型超高频毫伏表、DW3 型甚高频微伏表、GVT-427B 双踪交流毫伏表等。下面以 GVT-427B 双踪交流毫伏表为例介绍其使用方法。

（一）毫伏表简介

GVT-427B 双踪交流毫伏表的面板图如图 2-1 所示。

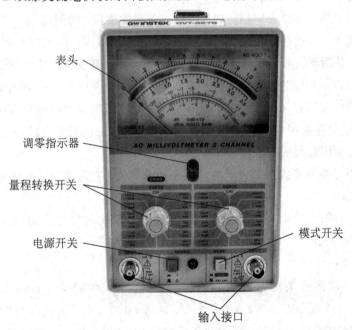

表头

调零指示器

量程转换开关

电源开关

模式开关

输入接口

图 2-1　GVT-427B 双踪交流毫伏表的面板图

GVT - 427B 双踪交流毫伏表由表头、刻度面板和量程转换开关等组成。与其他交流毫伏表不同的是，GVT - 427B 双踪交流毫伏表的输入线采用的是同轴屏蔽电缆，电缆的外层是接地线，其目的是减小外来感应电压的影响，电缆端接有两个夹子，用来作为输入接线端。毫伏表的背面连着 220 V 的工作电源线。

1. 面板说明

1）表头

表头上有四行标尺刻度线，最上面的 0～1.1 和 0～3.5 标尺刻度线用于指示交流电压有效值。毫伏表还设有一个延长刻度，可以使读数的范围大于传统的满刻度，如表 2 - 1 所示。

表 2 - 1　延　长　刻　度

传统满刻度	延长满刻度
0～1.0	0～1.1
0～3.1(3.2)	0～3.5
−20 dB～0 dB	−20 dB～+1 dB
−20 dBm～+2 dBm	−20 dBm～+3.2 dBm

当"量程转换开关"放置在 1 mV、10 mV、100 mV、1 V、10 V、100 V 等挡位时，观察 0～1.1 的刻度线；当"量程转换开关"放置在 300 μV、3 mV、30 mV、300 mV、3 V、30 V 等挡位时，观察 0～3.5 刻度线。

例如量程开关指在 100 mV 挡位时，用第一条刻度读数，满刻度 1.0 读作 0.1 V，其余刻度均按比例缩小，若指针指在刻度".3"处，即读作 0.03 V。再例如量程开关指在 30 V 挡位时，用第二条刻度读数，满刻度 3.0 读作 30 V，其余刻度也均按比例缩小。

通过例子可以得出结论：交流毫伏表表头刻度分为 0～1 和 0～3 两种，量程转换开关切换量程分为逢一量程(1 mV，10 mV，100 mV，…)、逢三量程(3 mV，30 mV，300 mV，…)。凡逢一的量程直接在 0～1.1 刻度线上读取数据，逢三的量程直接在 0～3.5 刻度线上读取数据，单位为该量程的单位，无需换算。

毫伏表的第三条刻度线用来表示测量电平的分贝值，它的读数与上述电压读数不同。

2）调零指示器

调零指示器(表的指针)为机械调零。黑色标志的螺丝调节 CH1 的指针，红色标志的螺丝调节 CH2 的指针。

3）量程转换开关

每一个量程转换开关的电压范围分 12 个挡位：300 μV，1 mV，3 mV，10 mV，30 mV，100 mV，300 mV，1 V，3 V，10 V，30 V，100 V。分贝范围分 12 个挡位，−70 dB～+40 dB，相邻两挡相差 10 dB。当"量程转换开关"放至某一个挡位时，表头最大示值为该挡的量程。例如当"量程转换开关"放置在 10 V 挡位时，表头指示最大有效值为 10 V。

4）输入接口

输入接口是用于测量输入信号的接口。

5）模式开关

如果此按钮为弹起状态，则 CH1 和 CH2 的挡位选择开关可选择它们各自的挡位范围。如果此按钮被按下，则 CH1 的挡位选择开关可同时选择 CH1 和 CH2 的电压范围，CH2 的挡位选择开关无效。

6）电源开关

电源开关用于控制毫伏表是否接入市电。

7）指示灯

指示灯用于指示电源是否正常接入。

2. 后面板说明

1）接"地"选择开关

如果开关置于向上的位置，则 CH1 和 CH2 输入端相互独立，它们通过一个 100 kΩ 的阻抗，再通过外壳接地。如果开关置于向下的位置，则 CH1 和 CH2 直接通过外壳接地。

2）输出接口

当此仪表用作前置放大器时，此接口输出信号。

（二）毫伏表的使用方法

1. 开机前的准备工作

毫伏表使用前应垂直放置，因为测量精度以表面垂直放置为准。

（1）在电源开关未打开前，观察指针是否指在零位，如果不是，则用螺丝刀调节表头上的机械调零螺丝，使表针指向准刻度线左端零位。

（2）在电源开关未打开前，将双通道输入端红黑鳄鱼夹短接，将量程转换开关选至最高量程挡。

2. 测量步骤

（1）打开电源开关。接通 220 V 交流电压，闭合电源开关，电源指示灯亮。

（2）测量电压。根据被测电压的值（可以在预习时计算出理论值），扭动旋钮，选择适当的量程。如果不知道被测电压的数值，应将量程转换开关旋到最大挡位，若指针不动或偏转较小，则说明选择量程较大，此时，依次向小量程转换，直到指针指到刻度盘约 2/3 位置为止。

（3）准确读数。表头刻度盘有四条刻度线，第一条刻度线和第二条刻度线是测量交流电压有效值的刻度线，第三条刻度线和第四条刻度线是测量分贝值的刻度线。当量程转换开关为 1 的倍数时，读第一条刻度线；当量程转换开关是 3 的整数倍时，读第二条刻度线。选择的量程值也是指表头满偏的最大值。例如，1 mV 挡表明毫伏表可以测量外电路中电压的范围是 0 mV～1 mV；1 V 挡表明毫伏表可以测量外电路中电压的范围是 0 V～1 V。

（4）测量完毕，量程转换开关应放置在最大挡位，以便下次安全使用。

3. 注意事项

（1）交流毫伏表灵敏度较高，打开电源以后，在较低量程时由于干扰信号（感应信号）

的作用,指针会发生偏转,称为自起现象,因此在不测量信号时,应将量程转换开关旋到最高量程挡,以防打弯指针。

(2)交流毫伏表接入被测电路时,其"地"端(黑夹子)应始终接在电路的"地"上(称为公共接地),以防干扰。

(3)使用前应先检查量程转换开关与量程标记是否一致,若错位,会产生读数错误。

(4)交流毫伏表只能用来测量正弦交流信号电压的有效值。

(5)测量过程中接线时,应先接"地"线夹子,再接另一个夹子。测量完毕拆线时则相反,即先拆另一个夹子,再拆"地"线夹子。这样可以避免当人手触及不接地的另一夹子时,交流电通过仪表与人体构成回路,形成数十伏的感应电压,打坏表针。

(6)使用较长时间后,应多次检查零点是否正确,以免带来附加误差。

三、实验板

在实验教学或电子设计竞赛中,除了实验箱外,还常使用万能板、面包板等实验板来辅助实验教学。

(一)万能板

万能板又称洞洞板,是一种按照标准 IC 间距(2.54 mm)布满焊盘、可按自己的意愿插装元器件及连线的印制电路板。相比专业的 PCB 板,万能板具有以下优势:使用方便,扩展灵活,成本低。比如,在学生电子设计竞赛中,通常需要在几天时间内争分夺秒地完成作品,大多数选手选用万能板。

1. 万能板的种类

如图 2-2 所示,万能板主要有两种:单孔板(焊盘各自独立)和连孔板(多个焊洞孔连接在一起)。

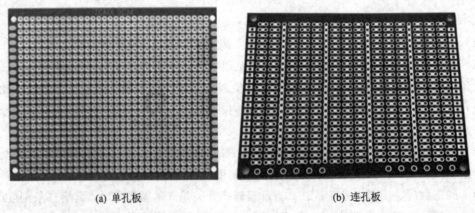

(a) 单孔板　　　　　　　　　　　(b) 连孔板

图 2-2　万能板

单孔板较适合数字电路和单片机电路,因为数字电路和单片机电路以芯片为主,电路较规则。

连孔板则适合模拟电路和分立电路,因为模拟电路和分立电路往往不规则,分立元件的引脚常常需要连接很多导线,这时使用连孔板较方便。

连孔板一般有双连孔、三连孔、四连孔和五连孔等。

2. 万能板的使用

(1) 使用万能板前，根据原理图，事先规划好元器件布局走向，可以先在纸上画出模拟走线图。

(2) 导线的选用。不同颜色的导线表示不同的信号(同一个信号最好用一种颜色)，一般电源正极用红色，电源负极用黑色。

(3) 化整为零。根据原理或电路功能，把电路分成 N 个区域，按功能或区域焊接，各功能焊接好后，进行测试和调试，这样利于电路的故障排查。等到全部电路都制作完成后再测试、调试，不利于调试和排查故障点。

(4) 布局合理。元器件布局要合理，走线要规整，边焊接边在走线图上做出标记。

(5) 焊接工艺。万能板上的焊盘是裸露的铜，呈金黄色。若焊盘失去光泽，说明焊盘被氧化了，不宜焊接，此时需涂抹酒精松香溶液，晾干后待用。焊接工艺按照焊接五步法要求做。

(6) 元器件焊接。没有氧化的元器件引脚可以直接焊接，若元器件引脚被氧化，则用刀片等工具刮掉氧化层后，做镀锡处理待焊接。导线绝缘层剥离一定长度后，需要镀锡处理再焊接，剥离长度不宜太长，以免焊接时和别的线路短接。

（二）面包板

面包板是集成电路实验板的俗称，是一种具有很多小孔插座的插件板，利用工程塑料和优质高弹性金属加工而成，在实验室用于搭接电路。采用面包板，各种电子元器件和导线可根据需要随意插入或拔出，免去了焊接，节省了电路的组装时间，而且元器件可以重复使用，因此其非常适合电子电路的组装、调试和训练。

面包板分为单面包板和组合面包板两种，如图 2-3 所示。

(a) 单面包板

(b) 组合面包板

图 2-3　面包板

1. 面包板的结构

实验当中经常用到的是组合面包板，如图 2-4 所示。

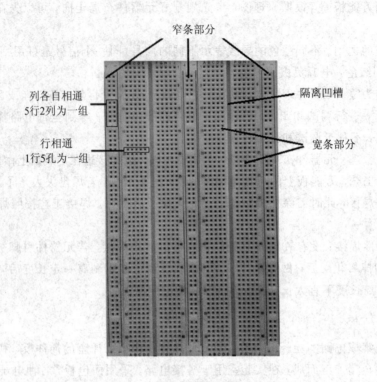

图 2-4　组合面包板示意图

面包板分为窄条和宽条两部分。

面包板中的窄条部分一般以 5 行 2 列插孔为一组，列与列之间不连通。通常的面包板上有 10 组或 11 组。对于 10 组的结构，2 列均各自相通，一般作为电源正负极使用。

面包板中的宽条部分一般由 1 行 5 个插孔的网格构成。同一行中的 5 个插孔是互相连通的。宽条之间有一条隔离凹槽，用于隔断左右两部分。行与行之间以及凹槽左右两部分是不连通的。通常在宽条部分可以进行电路的搭建。

2. 面包板的使用

面包板是电子实验室中用于搭接电路的重要工具，熟练掌握面包板的使用方法是提高实验效率、减少实验故障出现概率的重要基础之一。

在实验或实训中使用组合面包板时，通常同时使用面包板上的两个窄条和一个宽条，两个窄条通常作为电源正负极电源线使用。一般第一行和地线连接，第二行和电源相连。集成芯片的电源一般在上面，接地在下面，如此布局有助于将集成芯片的电源脚和上面第二行窄条相连，接地脚和下面窄条的第一行相连，减少连线长度和跨接线的数量。中间宽条用于连接电路，由于凹槽上下是不连通的，因此集成芯片一般跨插在凹槽上。

项目四

常用半导体器件的检测

实验一　二极管、三极管的测试

一、实验目的

(1) 掌握万用表的使用方法。

(2) 掌握用万用表对二极管、三极管进行简易测试的方法。

(3) 了解二极管、三极管的种类和特点。

(4) 掌握二极管、三极管的命名方法。

二、实验仪器

本次实验所需的实验仪器包括二极管、三极管、万用表等。

三、实验原理

1. 二极管的检测

二极管是具有单向导电性的二端器件。硅二极管(不发光类型)正向管压降为 0.7 V，锗二极管正向管压降为 0.3 V。发光二极管正向管压降会随不同发光颜色而不同，主要有三种颜色，具体压降参考值如下：红色发光二极管的压降为 2.0 V～2.2 V，黄色发光二极管的压降为 1.8 V～2.0 V，绿色发光二极管的压降为 3.0 V～3.2 V，正常发光时的额定电流约为 20 mA。二极管的结构与图形符号如图 2-5 所示。

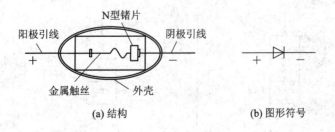

(a) 结构　　　　　　　　　　(b) 图形符号

图 2-5　二极管的结构与图形符号

一般使用万用表的欧姆挡判别二极管的极性，判断单向导电性能的好坏。

1）判别二极管的极性

通过测量二极管的正、反向电阻的阻值，就可以判别二极管的正、负极性。晶体二极管加正向电压时会导通，正向电阻小，而晶体二极管加反向电压时会截止，反向电阻大，所以通过测量晶体二极管的正、反向直流电阻即可判别二极管的极性。

通常锗材料的二极管的正、反向电阻均较硅管小些。小功率锗二极管正向电阻为 300 Ω～500 Ω，硅管约为 1 kΩ 或更大些。锗二极管反向电阻为几十千欧姆，硅二极管反向电阻在 500 kΩ 以上。二极管的正、反向电阻的差值越大越好。

2）判断二极管的好坏

测量正、反向电阻时应注意，由于二极管是非线性元件，其直流电阻值与通过管子的电流有关，因此用不同型号的万用表或不同倍率的电阻挡所测得的直流电阻值是不同的。

根据正向电阻小、反向电阻大的特点，不仅可以判别二极管的极性，还可以粗略地判断二极管的好坏。万用表欧姆挡的黑表笔接的是内部电路电池的正极，红表笔接的是内部电路电池的负极。在测量未知极性的二极管时，选 R×100 或 R×1k 挡，两根表笔接二极管两端，若万用表指针偏转角度较大，指示为几百欧姆，则为二极管的正向电阻，即红表笔所接的一端为二极管负极，黑表笔所接的一端为二极管正极；反之，若万用表指针偏转角度小，指示为大电阻，则红表笔所接的一端为二极管正极，黑表笔所接的一端为二极管负极。

如果测出的二极管正向电阻小，反向电阻大，则说明二极管是好的。如果正、反向电阻都很小，则说明二极管内部已经短路；如果正、反向电阻都很大，则说明二极管内部已经断路。在这两种情况下，二极管均不能使用。

注意：用万用表测量二极管时，一般用 R×100 或 R×1k 挡，不要用 R×1 或 R×10k 挡。因为 R×1 挡的内部电阻小，使用时电流大，有可能损坏二极管，而 R×10k 挡使用的高电压也可能损坏二极管。

2. 三极管的检测

半导体三极管也称晶体三极管，简称三极管，用 V 表示。它采用光刻、扩散等工艺在同一块半导体硅（或锗）片上掺杂形成三个区、两个 PN 结，并从三个区各引出一根导线作为三个电极，组成一个三极管。由两个 N 区夹一个 P 区构成的三极管称为 NPN 型三极管；由两个 P 区夹一个 N 区构成的三极管称为 PNP 型三极管。图 2-6 所示为三极管的结构与图形符号，其中图 2-6(a) 为 NPN 型三极管的结构与图形符号，图 2-6(b) 为 PNP 型三极管的结构与图形符号。

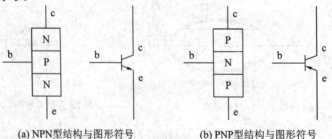

(a) NPN型结构与图形符号　　　　　(b) PNP型结构与图形符号

图 2-6　三极管的结构与图形符号

1) 判别三极管的类型

用万用表判别三极管的类型的根据是：把晶体管的结构看成是两个背靠背的 PN 结（或二极管），对 PNP 型三极管来说，基极是两个 PN 结的公共阴极，如图 2-7(a)所示，对 NPN 型三极管来说，基极是两个 PN 结的公共阳极，如图 2-7(b)所示，因此，判别公共电极是正极还是负极，即可知该三极管是 NPN 型还是 PNP 型。

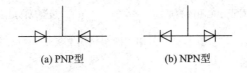

(a) PNP型   (b) NPN型

图 2-7 判别三极管基极

2) 判别三极管的基极 b 和管子的类型

若用黑表笔接触某一管脚，用红表笔分别接触另外两个管脚，如两次测得的电阻值都很小，则与黑表笔接触的管脚是基极，同时可知此三极管为 NPN 型。若用红表笔接触某一管脚，用黑表笔分别接触另外两个管脚，如两次测得的电阻值都很小，则与红表笔接触的管脚是基极，同时可知此三极管为 PNP 型。用上述方法既判定了三极管的基极，又判别了三极管的类型。

3) 判别三极管的发射极 e 和集电极 c

以 NPN 型三极管为例，确定基极 b 以后，假定其余的两只脚中的一只管脚是集电极 c，将黑表笔接到此管脚上，红表笔接到假定的发射极 e 上，用手指捏住 b、c 两个电极（但不能使 b、c 相碰）。通过人体，相当于 b、c 之间接入一个偏置电阻，记下此时表针偏转的读数，然后将假定的 c、e 对换，仍用手捏住重新假定的 b、c 两极（不能使 b、c 相碰），再读出此时指针偏转的读数，并与前一次读数比较。若第一次指针偏转较大，则说明原来的假定是对的，即黑表笔所接的是 c 极，红表笔所接的是 e 极。因为指针偏转较大说明通过万用表的电流较大，偏置正常，所以表明原来的假定是正确的。

如果测的是 PNP 型三极管，则需要将红表笔接假定的 c 极，黑表笔接假定的 e 极，用手捏住 b、c 两极，方法同前。

4) 估测电流放大系数 β

将万用表拨到 $R \times 100$ 或 $R \times 1k$ 挡，按管型将万用表接到对应的电极上（对 NPN 型三极管，黑表笔接集电极，红表笔接发射极，对 PNP 型三极管，黑表笔接发射极，红表笔接集电极），再用手捏住基极和集电极，观察指针摆动幅度大小。摆动越大，则说明 β 越大。

一般的万用表具备测量 β 的功能，只需要将晶体管插入测试孔中就可以从表头刻度盘上直接读出 β 值。若依此方法来判别发射极和集电极也很容易，只要将 e、c 管脚对调，在表针偏转较大的那一次测量中，从万用表插孔旁的标记就可以直接辨别出晶体管的发射极和集电极。

四、实验内容

1. 二极管极性的测量

用万用表判别二极管的极性及管型。按照实验原理中介绍的方法进行测量，测试如图

2-8 所示。

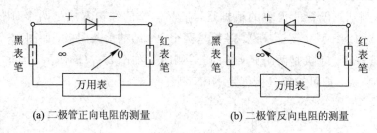

(a) 二极管正向电阻的测量　　　　　(b) 二极管反向电阻的测量

图 2-8　万用表欧姆挡测二极管

2. 二极管好坏的判断

用万用表的 $R\times100$ 或 $R\times1\mathrm{k}$ 挡，测量上述二极管的正、反向电阻，即可判断其性能好坏。如果测出的二极管正向电阻小，反向电阻大，则说明二极管是好的。如果正、反向电阻都很小，则说明二极管内部已经短路；如果正、反向电阻都很大，则说明二极管内部已经断路。把测量结果填入表 2-2 中。

表 2-2　二极管正、反向电阻测试记录

序　号	二极管型号	欧姆挡位	正向电阻	反向电阻	质量好坏
1		$R\times100$			
		$R\times1\mathrm{k}$			
2		$R\times100$			
		$R\times1\mathrm{k}$			
3		$R\times100$			

3. 三极管类型、管脚的判别

根据实验原理介绍的方法进行如下测量：

1）颠倒，找基极

对于 NPN 型三极管，选用万用表的 $R\times100$ 挡，基极测试如图 2-9(a)所示。用黑表笔接某一个电极，红表笔分别接另外两个电极，若测量结果阻值都较小，交换表笔后测量结果阻值都较大，则可断定第一次测量中黑表笔所接电极为基极；如果测量结果阻值一大一小，相差很大，则第一次测量中黑表笔接的不是基极，应更换其他电极重测。对于 PNP 型三极管，表笔搭接正好与 NPN 型的相反。

2）PN 结，定管型

找出三极管的基极后，即可根据基极与另外两个电极之间 PN 结的方向来确定管子的导电类型。将万用表的黑表笔接触基极，红表笔接触另外两个电极中的任一电极，若表头指针偏转角度很大，则说明被测三极管为 NPN 型三极管；若表头指针偏转角度很小，则说明被测三极管为 PNP 型三极管。

3）顺箭头，偏转大

对于 NPN 型三极管，穿透电流的测量电路如图 2-9(b)所示。根据这个原理，将万用表的黑、红表笔颠倒测量两极间的正、反向电阻 R_{ce} 和 R_{ec}，虽然两次测量中万用表指针偏转角度都很小，但仔细观察，总会有一次偏转角度稍大，此时电流的流向一定是：黑表笔→c 极→b 极→e 极→红表笔，电流流向正好与三极管符号中的箭头方向一致（"顺箭头"），所以此时黑表笔所接的一定是集电极 c，红表笔所接的一定是发射极 e。

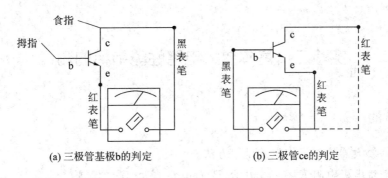

(a) 三极管基极b的判定　　　　　　　　(b) 三极管ce的判定

图 2-9　三极管极性的判定

对于 PNP 型三极管，道理类似于 NPN 型三极管，其电流的流向一定是：黑表笔→e 极→b 极→c 极→红表笔，电流流向也与三极管符号中的箭头方向一致，所以此时黑表笔所接的一定是发射极 e，红表笔所接的一定是集电极 c。

4）测不出，动嘴巴

在"顺箭头，偏转大"的测量过程中，当由于颠倒前后的两次测量指针偏转均太小而难以区分时，就要"动嘴巴"了。具体方法是：在两次测量中，用两只手分别捏住两表笔与管脚的结合部，用嘴巴含住（或用舌头抵住）基电极 b，仍用"顺箭头，偏转大"的判别方法即可区分集电极 c 与发射极 e。其中，人体起到直流偏置电阻的作用，目的是使效果更加明显。

根据上述方法判断出 e、b、c 后，用万用表的 $R \times 100$ 挡测量不同型号晶体三极管 b-e、b-c 间的正、反向电阻，将结果填入表 2-3 中。

表 2-3　三极管测试记录

三极管型号	类　型	b-e/Ω		b-c/Ω	
		正向电阻	反向电阻	正向电阻	反向电阻

五、实验数据处理

（1）分析表 2-2 中的实验数据，确定哪些二极管是好的，哪些是坏的。

（2）根据表 2-3 中的实验数据，确定哪些三极管是 NPN 型的，哪些三极管是 PNP 型的，并总结它们的电极管脚排列顺序。

（3）为什么用万用表的欧姆挡测量二极管的正向电阻时，正确接法是红表笔接负极，黑表笔接正极？

（4）用万用表测量二极管和三极管时，为什么不能采用 $R\times1$ 或 $R\times10$ k 挡来检测小功率管？

实验二　基本放大电路性能指标的测试

一、实验目的

（1）掌握放大器静态工作点的设置方法。

（2）研究集电极电阻 R_c 和负载电阻 R_L 对电路放大倍数的影响。

（3）掌握放大器放大倍数 A_u、输入电阻 R_i 和输出电阻 R_o 的测定方法。

（4）熟悉常用电子仪器的使用方法。

二、实验仪器

本次实验所需的实验仪器包括信号发生器、双踪示波器、万用表、模拟电路实验箱等。

三、实验原理

分压式电流负反馈偏置放大电路利用分压式电流负反馈稳定放大电路的静态工作点，电路原理图如图 2-10 所示。

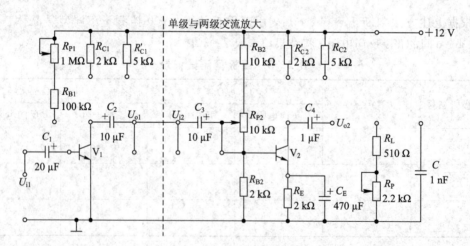

图 2-10　分压式电流负反馈偏置放大电路

1. 放大器静态工作点的测量

测量放大器的静态工作点，应该在输入信号 $U_i=0$ 的情况下进行，即将放大器输入端与"地"端短接，然后用万用表的直流电流挡和直流电压挡分别测量晶体管的集电极电流 I_C 以及各电极对地的电位 V_B、V_C 和 V_E。一般情况下，实验中的 I_C 采用间接测量法得到，即通过测量电位 V_E，然后根据公式 $I_C \approx I_E = \dfrac{V_E}{R_E}$ 计算出 I_C 的值。

2. 静态工作点的调试

放大器静态工作点的调试是指对三极管集电极电流 I_C（或 U_{CE}）的调节与测试。静态工作点是否合适，对放大器的性能和输出波形都有很大的影响。如果工作点偏高，则放大器在加入交流信号以后容易产生饱和失真，如果工作点偏低，则容易产生截止失真，这些情况都不符合不失真放大的要求。所以在加动态信号之前，应先调节静态工作点，使其达到最合适的位置。

在理论教学中我们知道，静态工作点的位置和偏置电阻有关，所以在该实验电路中通过调节 R_{P2}，使 $V_E = 3\ V \sim 4\ V$。

3. 放大器动态指标电压放大倍数的测试

调节放大器到合适的静态工作点，然后加入输入电压 U_i，在输出电压 U_o 不失真的情况下，用毫伏表测出 U_i 和 U_o 的有效值，根据公式计算出电压放大倍数，即 $A_u = \dfrac{U_o}{U_i}$。

四、实验内容

1. 调节各仪器处于待工作状态

（1）打开示波器电源开关使之预热，调节有关旋钮，调出扫描基线，待用。

（2）打开信号发生器电源开关使之预热，将信号调成正弦输出状态，设置信号频率为 $f = 1\ \text{kHz}$，并将"输出衰减"置于"衰减"位置（即旋钮拔出），"输出电压"旋钮逆时针旋到底，待用。

（3）将直流稳压电源的输出电压调至 12 V，用万用表测量该电压值，然后关掉直流稳压电源开关。用导线将电源输出两端分别接到图 2-10 中的 +12 V 接线端和接地端，选取集电极电阻 $R'_{C2} = 2\ \text{k}\Omega$，与三极管 V_2 的集电极插口相连，检查无误后接通电源。

2. 调试静态工作点

将交流输入端对地短路，输出端不接负载，调节 R_{P2} 使 $V_E = 3\ V \sim 4\ V$，测量静态工作点，用万用表的直流电压挡分别测量三极管各电极对"地"的电位 V_C、V_B、V_E 的值。将测量结果填入表 2-4 中。

表 2-4　放大电路静态工作点的测量结果

测　　量　　值			计　　算　　值		
V_B/V	V_E/V	V_C/V	U_{BE}/V	U_{CE}/V	I_C/mA

3. 测量动态参数放大倍数（A_u）

（1）将信号发生器调到频率为 $f = 1\ \text{kHz}$、信号幅值为 10 mV（用毫伏表测量）的正弦波，并将其接到电路的输入端，用示波器观察输出波形是否失真。在不失真的情况下，用毫伏表分别测量输入电压 U_i、空载输出电压 U_o 和有负载时的输出电压 U_L，将测量结果填入表 2-5 中，并计算空载时的电压放大倍数 A_{uo} 和带负载时的电压放大倍数 A_{uL}。

（2）保持信号源频率不变，增大信号源幅度，使 $U_S = 20$ mV，重复上述过程。

表 2-5　放大器动态参数 $R'_{C2} = 2$ kΩ 时的测量结果

测　量　值				计　算　值		记录 u_o 和 u_i 的波形图
U_S/mV	U_i/mV	U_o/V $(R_L = \infty)$	U_L/V $(R_L = 2.7$ kΩ$)$	$A_{uo} = \dfrac{U_o}{U_i}$	$A_{uL} = \dfrac{U_L}{U_i}$	
10						
20						

4. 验证电路参数 R_C、R_L 对放大倍数 A_u 的影响

选取集电极电阻 $R_{C2} = 5$ kΩ，重新调节静态工作点，即调节 R_{P2} 使 $V_E = 3$ V～4 V，然后输入 $f = 1$ kHz，调节输入信号，用示波器观测输出波形。在输出波形不失真的情况下，按照表 2-6 给定参数进行测量并填写测得的数据。

表 2-6　R_C、R_L 对放大器性能的影响

给　定　参　数		测　量　值		计　算　值
R_C/kΩ	R_L/kΩ	U_i/V	U_o/V	$A_{uo} = \dfrac{U_o}{U_i}$
2	∞			
2	2.7			
5	∞			
5	2.7			

五、实验数据处理

（1）整理测量数据，填写实验表格，分析实验结果。

（2）根据实验数据，总结 R_L、R_C 对放大器电压放大倍数、输入电阻、输出电阻的影响。

实验三　反相／同相比例放大器电路的测试

一、实验目的

（1）熟悉集成运算放大器的特点及性能。

（2）掌握集成运算放大器的工作原理。

二、实验仪器

本次实验所需的实验仪器包括直流稳压电源、信号发生器、万用表、示波器、面包板、集成块 NE5534、电阻等。

三、实验原理

集成运算放大器是一种具有高电压放大倍数的直接耦合放大器，主要由输入级、中间级、输出级和偏置电路四部分组成。输入级采用差动放大电路，有同相和反相两个输入端。本次实验采用 LM358 双运放芯片，其引脚如图 2-11 所示。

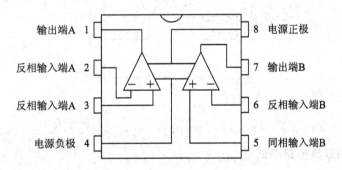

图 2-11　LM358 双运放引脚图

在分析运算放大器时，应注意以下三点：

（1）集成运放的开环输入电阻很高，一般高达几百千欧姆。理想运放器的输入电阻为无穷大，可以认为反相输入端和同相输入端的输入电流小到忽略不计。

（2）放大器开环电压放大倍数 A_u 很高，在理想的情况下 $A_u = \infty$。这是由于受到电源电压的限制，输出电压是有限值（低于电源电压），故由 $U_o = A_u(U_+ - U_-)$，$U_+ - U_- = \dfrac{U_o}{A_u} \approx 0$ 可得 $U_+ = U_-$。

（3）在反相端输入时，同相端接"地"，即 $U_+ = 0$，也可得出 $U_- \approx 0$。即反相输入端的电位接近"地"电位，可以认为是一个不接"地"的接"地"，这样的接地通常称为"虚地"。

① 同相比例运算放大器的原理图如图 2-12 所示，输入和输出的比例关系为 $U_o = \left(1 + \dfrac{R_f}{R_1}\right)U_i$，从而得到 $A_u = 1 + \dfrac{R_1}{R_f}$。

② 反相比例运算放大器的原理图如图 2 - 13 所示，输入和输出的比例关系为 $U_o =$ $-\dfrac{R_f}{R_1} U_i$，从而得到 $A_u = -\dfrac{R_1}{R_f}$。

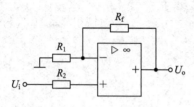

图 2 - 12　同相比例运算放大电路

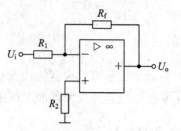

图 2 - 13　反相比例运算放大电路

四、实验内容

1. ±12 V 电源调试

实验前首先要看清集成运放组件各管脚的位置，切忌正、负电源极性接反和输出端短路，否则有可能损坏集成芯片。将直流稳压电源双路电源都调成 12 V，按图 2 - 14 所示连接成正负极性的双电源，电源调好后先关闭电源，待用。

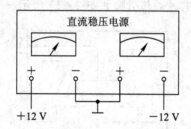

图 2 - 14　正负极性双电源连接图

2. 同相比例运算电路测试

将电源 +12 V 引线接到芯片 8 脚上，电源 -12 V 引线接到芯片 4 脚上，按图 2 - 12 所示连接电路。

将信号源调节为 $f = 1$ kHz、幅度为 0.1 V ~ 0.3 V（用毫伏表测量）的正弦交流信号。

电路检查无误后，打开 ±12 V 电源开关，将双踪示波器的 CH1 探头接到 U_i、CH2 探头接到集成运放的输出端 U_o，用双踪示波器同时观察输入、输出波形的相位是否相同，并用毫伏表测得 U_o 的值，按照表 2 - 7 的要求进行实验测试并记录测试结果。

表 2 - 7　同相比例运算电路测试记录

U_i/V		0.1	0.2	0.3
U_o/V	实测值			
	理论值			
	误差			

3. 反相比例运算电路测试

将电源＋12 V引线接到芯片8脚上，电源－12 V引线接到芯片4脚上，按图2-13所示连接电路。

将信号源调节为 $f=1$ kHz、幅度为0.1 V～0.3 V（用毫伏表测量）的正弦交流信号。

电路检查无误后，打开±12 V电源开关，在 U_i 处接入已经调好的信号源，将双踪示波器的CH1探头接到 U_i、CH2探头接到集成运放的输出端 U_o，用双踪示波器同时观察输入、输出波形的相位是否相反，并用毫伏表测量 U_o 的值，按照表2-8的要求进行实验测试并记录测试结果。

表2-8　反相比例运算电路测试记录

U_i/V		0.1	0.2	0.3
U_o/V	实测值			
	理论值			
	误差			

五、实验数据处理

（1）整理实验数据，画出输入信号、输出信号的波形，并进行比较。

（2）将表2-7、表2-8中的理论值与实测值进行比较，分析误差产生的原因。

实验四　矩形波发生电路的设计与制作

一、实验目的

（1）掌握用集成运放设计矩形波发生电路的原理。

（2）熟悉元器件的检测方法。

（3）了解集成运放LM741的引脚功能。

二、实验仪器

本次实验所需的实验仪器包括直流稳压电源、信号发生器、万用表、示波器、面包板、集成运放LM741、电阻等。

三、实验原理

1. 电路组成

占空比可调的矩形波产生电路及输出波形如图2-15所示。矩形波电压有两种状态，不是高电平，就是低电平。电压比较器是电路中的重要组成部分。而输出要由延迟环节来确定每种状态维持的时间，所以矩形波电路主要由反输入的滞回比较器和 R_1C 电路组成。R_1C 回路既作为延迟环节，又作为负反馈网络，通过 R_1C 充、放电，实现输出状态(U_o)的自动转换。

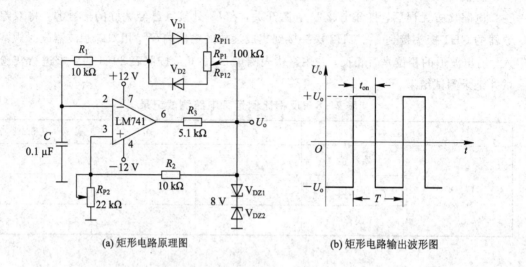

(a) 矩形电路原理图　　　　　　　　(b) 矩形电路输出波形图

图 2-15　占空比可调的矩形波产生电路及输出波形

2. 工作原理

矩形波电路中高电平时间 t_{on} 与周期 T 的比值称为占空比，用 q 表示，即 $q = t_{on}/T$。矩形波的占空比可调，即高低电平所占时间不等。

由图 2-15(a)可知，只要改变电容 C 充放电的时间常数，就可改变矩形波的占空比。本电路设计通过调节电位器 R_{P1} 来改变电容器 C 的充放电时间常数，从而调节矩形波的占空比，但并不改变矩形波的周期。

在图 2-15(a)中，当输出电压 U_o 为正时，二极管 V_{D1} 导通、V_{D2} 截止，反向充电时间常数为$(R_1 + R_{P11})C$，充电回路为 R_{P11}、V_{D1}、R_1、C。当 U_o 为负时，V_{D2} 导通而 V_{D1} 截止，正向充电时间常数为$(R_1 + R_{P12})C$，放电回路为 C、R_3、V_{D2}、R_{P12}。如果忽略二极管的正向电阻，则此时矩形波的周期为 $T = (R_{P1} + 2R_1)C\ln(1 + 2R_{P2}/R_2)$，占空比为 $q = t_{on}/T = (R_{P11} + R_1)/(R_{P1} + 2R_1)$，矩形电路输出波形如图 2-15(b)所示。

1) 振荡频率和周期

电路中，电位器 R_{P2} 的值不能为零，如果 $\ln 1 = 0$，则周期 $T = 0$。忽略二极管的正向电阻，当电位器 R_P 分别调到 $R_{P2} = 0.5\ \text{k}\Omega$ 和 $R_{P2} = 22\ \text{k}\Omega$ 时，矩形波的振荡周期 T 如下：

① 当 $R_{P2} = 0.5\ \text{k}\Omega$ 时，周期为

$$T_1 = (R_{P1} + 2R_1)C\ln\left(1 + \frac{2R_{P2}}{R_2}\right)$$

$$= (100 + 2 \times 10) \times 10^3 \times 0.1 \times 10^{-6}\ln\left(1 + 2 \times \frac{0.5}{10}\right)$$

$$= 1.14 \times 10^{-3}\ \text{s}$$

振荡频率为

$$f_1 = \frac{1}{T_1} = \frac{1}{1.14 \times 10^{-3}} = 877 \text{ Hz}$$

② 当 $R_{P2} = 22 \text{ k}\Omega$ 时，周期为

$$T_2 = (R_{P1} + 2R_1)C \ln\left(1 + \frac{2R_{P2}}{R_2}\right)$$

$$= (100 + 2 \times 10) \times 10^3 \times 0.1 \times 10^{-6} \ln\left(1 + 2 \times \frac{22}{10}\right)$$

$$= 20.24 \times 10^{-3} \text{ s}$$

振荡频率为

$$f_2 = \frac{1}{T_2} = \frac{1}{20.24 \times 10^{-3}} = 49 \text{ Hz}$$

2）占空比

当电位器调到 $R_{P11} = 0$ 时，占空比为

$$q_1 = \frac{t_{on}}{T} = \frac{R_{P11} + R_1}{R_{P1} + 2R_1} = \frac{0 + 10}{100 + 2 \times 10} \approx 0.08$$

当电位器调到 $R_{P11} = 100 \text{ k}\Omega$ 时，占空比为

$$q_2 = \frac{t_{on}}{T} = \frac{R_{P11} + R_1}{R_{P1} + 2R_1} = \frac{100 + 10}{100 + 2 \times 10} \approx 0.92$$

四、实验内容

1. 元器件的选择与检测

参照图 2-15(a)，核对元器件数目、型号，用万用表检测所需元器件。

1）电阻器与电位器的测试

用万用表检测电阻的阻值。电路中的电阻均是色环电阻，在安装前需要检测，将检测电阻值计入表 2-9 中。

表 2-9　电阻元件的检测

电阻/Ω	色环序列	标称值	万用表挡位	万用表量程	测量值	质　量
R_1						
R_2						
R_3						
R_P						

2）二极管的测试

二极管具有单向导电性，用万用表的 $R\times100$ 挡测试其正向和反向电阻值，将结果计入表 2－10 中，并判断其好坏。

3）稳压二极管的测试

稳压二极管是电源电路中常见的元器件之一，与普通二极管不同的是，它常工作于 PN 结的反向击穿区，只要其功耗不超过最大额定值，就不致损坏。稳压管的正、负极识别方法和普通二极管一样，其引脚也分正极、负极，使用时不能接错。

测量方法：用万用表的 $R\times100$ 挡测量两引脚之间的电阻值，红、黑表笔互换后再测量一次。两次测得的阻值中较小的一次，黑表笔所接引脚为稳压二极管正极，红表笔所接引脚为稳压二极管负极。将测量的阻值计入表 2－10 中。

表 2－10　二极管的检测

二极管	型　号	挡　位	正向电阻	反向电阻	质　量
V_{D1}					
V_{D2}					
V_{DZ1}					
V_{DZ2}					

稳压二极管性能好坏的判别：直接用万用表的 $R\times100$ 或 $R\times1k$ 挡测量其正向电阻或反向电阻，根据其阻值的大小进行判断，正常时反向电阻阻值较大，若发现表针摆动或其他异常现象，就说明该稳压二极管性能不好或已损坏。

2. 电路安装

安装电路前，应及时更换有损坏的测量电子元件。集成运放 LM741 的引脚排列如图 2－16 所示。根据原理图，在万能板上布置好电源的位置，做好正负极电源的引线，确定集成芯片和周围电子元器件的位置。

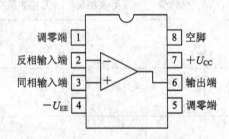

图 2－16　LM741 的引脚图

（1）焊接芯片。确定好集成芯片的位置，确认引脚插接顺序正确后，焊接对角引脚，观察芯片的引脚间是否短路，确认没有短路后再进行其他引脚的焊接，最后焊接外围元器件。

（2）安装外围元器件。外围元器件与芯片 LM741 引脚连接时，可以把元器件引脚直接插入芯片引脚临近位置，也可以通过芯片 LM741 引脚引出导线后，再与外围元器件引脚相连。元器件及引线应排列整齐，不要过多交叉，插接时注意二极管极性。

（3）焊接电位器。电位器的引脚插接不到万能板的空洞时，需要在电位器上焊接引线，焊接引线时注意焊接时间不要太长。

（4）连接电源。元器件按电路原理图组装好后，将直流稳压电源输出的 +12 V 电压引线接到集成运放的 7 引脚，−12 V 接到集成运放的 4 引脚，用万用表测试 4 和 7 引脚间的电压，该电压应为 24 V，若不正确，应检查集成运放电源线焊接位置是否正确。

3. 电路测试与故障排除

测试集成电路电压正确后，按图 2-17(a) 连接电路并进行测试。在电路输出端连接上示波器，调节电位器 R_{P1}、R_{P2}，观察输出波形并测量电路的振荡频率 f、输出幅度 U_o。计算占空比 q，将结果记入表 2-11 中。

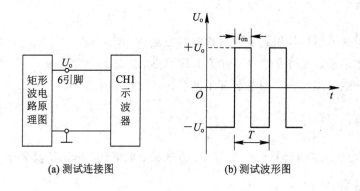

(a) 测试连接图　　　　　(b) 测试波形图

图 2-17　矩形波测试连接电路及波形图

表 2-11　矩形波参数测试

测试参数	频率 f	幅度 U_o	占空比 q
电路理论值			
实际测量值			
误差			

若测试偏差较大，要检查电路故障点。首先查看运放集成芯片引脚是否接错，芯片外围电阻是否连接错位置；查看整流二极管和稳压二极管极性是否正确。故障点排除后再测试数据，进行误差分析，以达到电路指标。

项目五

模拟电子综合实训

实训一　声控小夜灯的设计与制作

一、实训目的

(1) 掌握电子元器件的识别及质量检验的方法。

(2) 掌握电烙铁、万用表等常用电子工具的使用方法。

(3) 掌握一般小型电子产品的装配工艺、焊接技术、调试方法。

二、实训仪器

本次实训所需的实训仪器包括万用表、万能板、电烙铁、电工工具和电子元器件等。

三、实训原理

1. 电路原理

小夜灯电路原理图如图 2-18 所示。在电路中，电源电压为 3 V，R_1 为话筒 MIC 的偏置电阻，R_2、R_3 使 V_1 处于临界截止状态。当开关 S 闭合后，话筒 MIC 接收到音频信号，并通过 C_1 耦合后送达给 V_1 基极，在音频信号的正半周加深 V_1 的导通，V_1 导通，同时把 V_2 的基极电位拉低，V_2 截止，对电路没有产生影响，小灯泡不亮；在音频信号的负半周时，使 V_1 反偏压截止，V_2 导通，V_3 也导通，这时小灯泡点亮。由于电容 C_1 充放电需要一个过程，

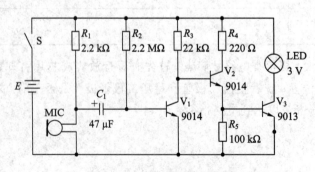

图 2-18　小夜灯电路原理图

因此小灯泡点亮后会延时一段时间。调整 C_1 的大小可以改变点亮后延时熄灭的时间，容量小，延时时间短，容量大，延时时间长，可以在 1 微法到几百微法之间选取。改变 R_2 阻值的大小可以改变 V_1 的临界截止度，也就是改变灵敏度，阻值大，灵敏度高，反之则低。

2. 驻极体话筒

驻极体话筒有两个电极，一个为漏极，用字母"D"表示，一个为源极，用字母"S"表示。在接入电路时有四种接线方法，具体连接电路如图 2-19 所示。

图 2-19(a)和图 2-19(b)为两端式驻极话筒的接线方法。目前，我们经常使用的就是两端式驻极话筒，采用图 2-19(a)所示的连接方法。这种连接方法是将场效应管接成漏极 D 输出电路，漏极输出类似晶体三极管的集电极输出，只需两根引出线，漏极 D 与电源正极间接一漏极电阻 R，信号由漏极 D 经电容 C 输出。源极 S 与编织线一起接地。漏极输出有电压增益，因而话筒的灵敏度比源极输出时的要高，但电路动态范围略小。

图 2-19(c)和图 2-19(d)为三端式驻极话筒的接线方法，源极输出类似晶体三极管的射极输出，需要三根引出线，漏极 D 接电源正极，源极 S 与地之间接一电阻 R 来提供源极电压，信号由源极经电容 C 输出，其输出阻抗小，动态范围大，但输出信号相对要小些。

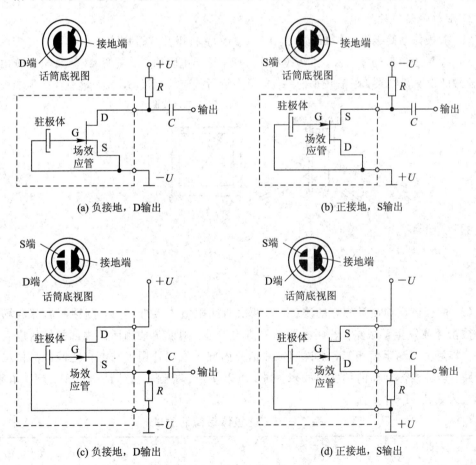

(a) 负接地，D输出　　　　　　　　　　　(b) 正接地，S输出

(c) 负接地，D输出　　　　　　　　　　　(d) 正接地，S输出

图 2-19　驻极体话筒连接图

四、实训内容

1. 元器件的选择与测试

对照图 2-18 选择元器件，依次检测元器件性能好坏。

1）发光二极管（LED）的选择与检测

发光二极管的正向工作电压 U_F 在 1.4 V～3 V 之间。当外界温度升高时，U_F 将下降。若超过允许的参数值，LED 会发热，损坏，所以选择时需注意极限值。检测发光二极管的正、反向电阻值，将其记入表 2-12 中。

表 2-12　发光二极管电阻值的测量

序　号	欧姆挡位	正向电阻	反向电阻	质　量
LED				
驻极体话筒				

2）驻极体话筒的检测

（1）驻极体话筒极性的判断：如图 2-20 所示，将指针式万用表挡位拨至"$R\times100$"或"$R\times1\mathrm{k}$"，黑表笔接任意一极，红表笔接另一极，读出电阻值；对调两表笔后，再次读出电阻值；比较两次测量结果，阻值较小的一次，黑表笔所接应为源极 S，红表笔所接应为漏极 D。

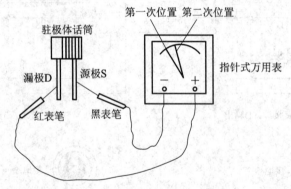

图 2-20　驻极体话筒极性的测试

（2）驻极体话筒质量好坏的测试：若两次所测阻值均接近零点，则话筒内部的场效应管已被击穿或发生了短路；若两次所测阻值均为∞，则说明被测话筒内部的场效应管已经开路；若两次所测阻值相等，则说明被测话筒内部场效应管栅极与源极之间的晶体二极管已开路。若驻极体话筒内部发生故障，则不可以使用。检测驻极体话筒的正、反向电阻值，将其记入表 2-13 中。

表 2-13　驻极体话筒的测试

序　号	欧姆挡位	R_{SD}	R_{DS}	质　量
MIC				

（3）驻极体话筒灵敏度的测试：判断出驻极体话筒极性后，指针式万用表黑表笔接被测端的漏极 D，红表笔接地端，此时万用表指示在某一刻度上，用嘴对着话筒正面入孔处吹一口气，万用表指针应有较大摆动，指针摆动范围越大，说明被测话筒的灵敏度越高，如果没有反应或反应不明显，则说明被测话筒已经损坏或性能下降，不可以使用，更换新的即可。

注意：如果驻极体话筒的金属外壳与所检测出的源极 S 电极相连，则被测话筒为两端式驻极体话筒，其漏极 D 电极为"正电源/信号输出引脚"，源极 S 电极为"接地引脚"；如果话筒的金属外壳与漏极 D 相连，则源极 S 电极为"负电源/信号输出引脚"，漏极 D 电极为"接地引脚"。如果被测话筒的金属外壳与源极 S、漏极 D 电极均不相通，则称为三端式驻极体话筒，其漏极 D 和源极 S 电极可分别作为"正电源引脚"和"信号输出引脚"（或"信号输出引脚"和"负电源引脚"），金属外壳为"接地引脚"。

3）电阻的选择与检测

根据电阻的色环读出电阻的标称值，用万用表的欧姆挡测出电阻值，并记入表 2 - 14 中，计算出误差。

表 2 - 14　电阻的测量

电　　阻	R_1	R_2	R_3	R_4	R_5
标称值/Ω	2.2 k	2.2 M	22 k	220	100 k
测量值/Ω					
误差/(%)					

4）三极管的选择与检测

三极管的工作电压频率、电流放大系数和功耗等参数应满足电路指标。

检测三极管的电流放大系数及正、反向电阻值，判断出三极管极性 e、b、c，将结果记入表 2 - 15 中。

表 2 - 15　三极管检测记录表

序　号	电流放大系数	R_{BE} 正向电阻	R_{EB} 反向电阻	R_{BC} 正向电阻	R_{CB} 反向电阻	质　量
V_1						
V_2						
V_3						

5）电容器的选用与检测

选择电容器时，主要考虑耐压和容量两个参数。在电路中电源电压为直流 3 V，对耦合电容的耐压值要求不高。使用电解电容时，注意正负极不要接反。电解电容的稳态电阻越大（通常为无穷大），说明其质量越好。

检测电解电容的容量和稳态电阻值，并记入表 2 - 16 中。

表 2 - 16　电解电容的容量

序　号	标称值	欧姆挡位	稳态阻值	质　量
C_1				

2. 元器件的安装与焊接

（1）按照图 2 - 18 连接电路，在万能板上先布置好电源正负极的位置。

（2）将元器件依次安装到万能板上。

（3）安装电阻时，根据阻值大小，找对位置，安装电阻。

（4）安装三极管时，注意三个引脚的极性，尤其 e、c 极不要接反。

（5）驻极体话筒和电解电容的极性不要接反。

（6）电路焊接完毕，检查正确后连接 3V 电源。

3. 电路功能检测

元器件安装完成后，接通 3 V 电源，对着话筒说话或者拍掌，灯泡会亮，延迟一段时间后自动熄灭。

五、实训验收

（1）检查电路布线是否合理，元器件摆放是否美观。

（2）接通电源，检验电路功能是否实现。

实训二　电子助记器的设计与制作

一、实训目的

（1）掌握电烙铁、万用表等常用电子工具的使用方法。

（2）掌握电路识图、元器件认知与检测方法。

二、实训仪器

本次实训所需的实训仪器包括万用表、万能板、电烙铁、电工工具和电子元器件等。

三、实训原理

1. 电子助记器组成框图

电子助记器是一种提高声音强度的装置，它可以帮助听力障碍患者充分利用残余听力来补偿听力损失。

电子助记器组成框图如图 2 - 21 所示，它主要由话筒、放大器和耳机三部分组成。使用时只要对话筒轻轻说话，声音通过放大器的放大作用，从耳机就能听到洪亮的声音。

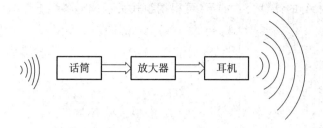

图 2-21　电子助记器组成框图

2. 电路组成及工作原理

电子助记器电路原理图如图 2-22 所示，该电路由三极管组成音频三级放大电路，各级之间采用电容耦合方式连接，C_1、C_2、C_3 为每级的耦合电容，R_2、R_4、R_6 分别为各级晶体管基极的偏置电阻。

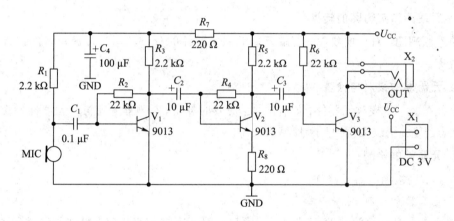

图 2-22　电子助记器电路原理图

前两级是一种具有并联电压负反馈的偏置电路，能起到稳定工作点的作用。MIC 是驻极体话筒，微弱的声音信号由话筒变成电信号，经过音频放大电路的多级放大，最后由耳机插座 X_2 输出，即由外接的耳机或扬声器发出声音。电路组装好后，外接 3 V 直流电源（可以使用两节 1.5 V 电池供电），对着驻极体话筒说话，从耳机里能听到洪亮的声音。耳机（或扬声器）是最后一级的负载，MIC 是电路的信号源。

放大电路各级静态基极电流计算如下（可根据组式关系调整基极电流）：

$$
\begin{cases}
I_{B1} \approx \dfrac{U_{CC} - U_{BE}}{R_2 + (1+\beta)(R_3 + R_7)} \\[2mm]
I_{B2} = \dfrac{U_{CC} - U_{BE}}{R_4 + (1+\beta)(R_5 + R_8)} \\[2mm]
I_{B3} = \dfrac{U_{CC} - U_{BE}}{R_6 + (1+\beta)R_L} \\[2mm]
I_E \approx I_C = \beta I_B
\end{cases}
$$

其中，R_L 是耳机（或扬声器）电阻。

电路放大倍数 A_u 的计算公式如下(可根据组式关系调整各级电压电路放大倍数):

$$\begin{cases} A_u = A_{u1} \cdot A_{u2} \cdot A_{u3} \\ A_{u1} \approx -\dfrac{\beta(R_3 \parallel R_2 \parallel R_{i2})}{r_{be1}} \\ A_{u2} \approx -\dfrac{\beta(R_5 \parallel R_4 \parallel R_{i3})}{r_{be2} + (1+\beta)R_8} \\ A_{u3} \approx -\dfrac{\beta R_L}{r_{be3}} \end{cases}$$

其中,A_{u1} 是第一级放大器的放大倍数,A_{u2} 是第二级放大器的放大倍数,A_{u3} 是第三级放大器的放大倍数,R_{i2} 是第二级放大电路的输入电阻,R_{i3} 是第三级放大电路的输入电阻。

四、实训内容

1. 原理图和实物图的转换

熟悉原理图,对比实物图,了解万能板上元器件的分布状况,布置元器件在万能板上的位置等。

2. 元器件的核对与检查

参照图 2-22 核对元器件,如有缺少,应及时补足。外观检查要求:元器件外观完整无损,标志清晰,引线无锈蚀、断脚现象。

3. 元器件的检测

用万用表检测所需元器件。

1)电容器的检测

电容器具有隔直流通交流的特性,频率越高,容抗越小,在电路中可作为耦合电容、旁路电容使用,起耦合作用。检测电容器的容量及稳态电阻值,将结果记入表 2-17 中。

表 2-17 电容值的测量

电 容	标称容量	万用表挡位	测量值	质 量
C_1				
C_2				
C_3				
C_4				

2)电阻器的检测

用万用表检测电阻器的阻值。本实训采用的电阻均是色环电阻,在安装前需要检测,将检测电阻值记入表 2-18 中。

表 2 - 18　电阻器的测试

电阻	色环颜色	标称值	万用表挡位	测量值	误　差	质　量
R_1						
R_2						
R_3						
R_4						
R_5						
R_6						
R_7						
R_8						

3）三极管的检测

三极管对信号具有放大作用，它是放大电路的核心器件。三极管的工作电压、频率、电流放大系数和功率等参数应满足电路指标要求。9013 是一种最常用的普通三极管，它是一种低电压、大电流、小信号低频管 NPN 型三极管。将三极管的极性判断和极间电阻值的测试结果记入表 2 - 19 中。

表 2 - 19　三极管极间电阻值的测试

三极管	型　号	电流放大系数	R_{BE}	R_{EB}	R_{BC}	R_{CB}	质　量
V_1							
V_2							
V_3							

4）驻极体话筒的检测

首先检查引脚有无断线情况，然后判别驻极体话筒的极性和灵敏度，其判别方法如实训一所述。

检测驻极体话筒的好坏：在上面的测试中，驻极体话筒正常测得的阻值应该一大一小，若两次测得的阻值都为无穷大，则说明被测话筒内部开路；若两次测得的阻值接近或等于 0，则说明被测话筒已击穿或发生了短路；若两次测得的阻值相等，则说明被测话筒内部已经开路。以上都需弃旧换新。将测试数据记入表 2 - 20 中。

表 2 - 20　驻极体话筒的测试记录表

序　号	万用表挡位	R_{SD}	R_{DS}	质　量
MIC				

4. 电路的安装与焊接

参照图 2 - 22 在万能板上布置好元器件的位置。完成后进行焊接安装，焊接技术见知识链接一。

主要元器件的安装顺序及要点如下：

（1）先焊接电阻，再焊接电容和三极管等。焊接时，注意焊接好每一个焊点，保证焊点的质量，焊好后剪掉多余的引线。

焊接时，色环电阻的色环方向应保持一致；电解电容的正负极性和安装高度尽量低（电解电容短脚为负极）；三极管的三个引脚(e、b、c)不要搞错，安装高度应一致，不要太高；焊接电源接线座及接线时注意正负极，红为"＋"，黑为"－"。

（2）安装驻极体话筒时注意极性，焊接时间不宜过长，引线不要过长，否则容易引起各种杂声。

（3）焊接完成后，进行电路测量与调试。

① 静态工作点测试。电路焊接好后，接通 3 V 电源，三极管发射极对地参考电压分别为$U_{E3}=0.1$ V，$U_{E2}=0.18$ V，$U_{E1}=0$ V。测试三极管各极电位，并计算多级放大电路各级静态电流(I_B、I_C)，根据测量值判断三极管的工作状态，将测试结果记入表 2-21 中。

表 2-21　三极管极间电阻值的测试

三极管	U_B	U_E	U_C	I_B	I_C	工作状态
V_1						
V_2						
V_3						

② 静态调试。根据测试结果，判断晶体管的工作状态，将结果记入表 2-21 中。判断静态工作点是否合适，如果不合适，可以由组式进行调节。若偏差较大，从后往前排查故障原因，主要检查三极管三个引脚是否安装正确，焊接的外围电阻阻值是否正确。

③ 动态调试。静态调试好后，检查耦合电容 C_1、C_2、C_3，驻极体 MIC 及扬声器质量。若安装、焊接没有问题，则能实现助记器基本功能。

五、实训验收

（1）检查电路布线是否合理，元器件摆放是否美观。

（2）接通电源，检验电路功能是否实现。

实训三　心形循环灯的设计与安装

一、实训目的

（1）学习发光二极管、三极管等电子元器件的综合应用。

（2）掌握模拟电子技术在日常生活中的应用。

（3）熟悉振荡电路的组成、工作原理及主要技术指标。

（4）掌握电路识图、元器件认知与检测方法。

（5）掌握电路设计与安装、测试与故障排除的方法。

二、实训仪器

本次实训所需的实训仪器包括万用表、万能板、电烙铁、电工工具和电子元器件等。

三、实训原理

心形循环灯电路原理图如图 2-23 所示。该电路主要由 3 个晶体三极管、3 个电解电容、6 个电阻和 18 个不同颜色的发光二极管（LED）组成。由 3 个同样的固定偏置共发射极放大电路组成 RC 多谐振荡器。振荡频率主要由 3 个 RC 网络决定。18 个 LED 被分成 3 组：

第 1 组为 LED_1、LED_4、LED_7、LED_{10}、LED_{13}、LED_{16}；

第 2 组为 LED_2、LED_5、LED_8、LED_{11}、LED_{14}、LED_{17}；

第 3 组为 LED_3、LED_6、LED_9、LED_{12}、LED_{15}、LED_{18}。

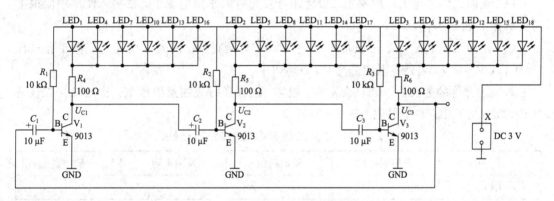

图 2-23　心形循环灯电路原理图

从原理图上可以看出，每当电源接通时，3 组三极管会争先导通，但由于元器件存在差异，只会有 1 个三极管最先导通。

假设 V_1 最先导通，集电极电压下降，U_{C1} 为低电平，则第 1 组 LED 灯点亮，由于耦合电容 C_2 左端电压接近 0 V，电容两端的电压不能突变，因此 V_1 的基极也被拉到近似 0 V，V_2 截止，集电极 U_{C2} 为高电平，故接在其集电极的第 2 组 LED 熄灭，此时 U_{C2} 的高电压通过耦合电容 C_3 使 V_3 基极电压升高，V_3 也将迅速导通，U_{C3} 为低电平，第 3 组 LED 点亮。

同理，V_3 的集电极（U_{C3}）低电平通过耦合电容 C_1 接到 V_1 的基极，使 V_1 截止，V_1 集电极为高电平，第 1 组 LED 熄灭。

V_1 的集电极（U_{C1}）高电平通过耦合电容 C_2 接到 V_2 的基极，使 V_2 导通，V_2 集电极为低电平，第 2 组 LED 点亮。

V_2 的集电极（U_{C2}）低电平通过耦合电容 C_3 接到 V_3 的基极，使 V_3 截止，V_3 集电极为高电平，第 3 组 LED 熄灭。

电路按照上面叙述的过程循环，3 组 18 个 LED 便会被轮流点亮。这些 LED 被交叉排列呈一个心形图案，不断地循环闪烁发光，达到流动显示的效果。

四、实训内容

1. 元器件的核对与检查

参照图 2-23 核对元器件，如有缺少，应及时补足。外观检查要求：元器件外观完整无损，标志清晰，引线无锈蚀、断脚现象。

2. 元器件的检测

用万用表检测所需元器件。

1) 发光二极管的选择与检测

选择发光二极管(LED)时主要考虑以下几个参数：

(1) 允许功耗 P_M：指允许加在 LED 两端的直流电压与流过它的电流乘积的最大值。

(2) 最大正向直流电流 I_{FM}：指允许通过发光二极管的最大正向直流电流。

(3) 最大反向电压 U_{RM}：指允许加在发光二极管两端的最大反向电压。

(4) 正向工作电流 I_F：指发光二极管正常发光时的正向电流值。在实际使用中应根据需要选择 I_F 在 $0.6I_{FM}$ 以下。

(5) 正向工作电压 U_F：一般是在 $I_F = 20$ mA 时测得的。发光二极管的正向工作电压 U_F 为 1.4 V～3 V。当外界温度升高时，U_F 将下降。

若超过允许的参数值，LED 会发热、损坏，故选择时应注意极限值。检测发光二极管的正、反向电阻值，将结果记入表 2-22 中。

表 2-22　发光二极管电阻值测量记录表

序　号	万用表挡位	正向电阻	反向电阻	质　量
LED$_1$				
LED$_2$				
⋮				
LED$_{18}$				

2) 三极管的选择与检测

三极管的工作电压频率、电流放大系数和功耗等参数应满足电路指标。

9013 是一种 NPN 型小功率三极管，选用 9013 作为振荡电路的放大管，符合电路要求。检测三极管的电流放大系数及正、反向电阻值，将结果记入表 2-23 中。

表 2-23　三极管检测记录表

序　号	电流放大系数	R_{BE} 正向电阻	R_{EB} 反向电阻	R_{BC} 正向电阻	R_{CB} 反向电阻	质　量
V$_1$						
V$_2$						
V$_3$						

3）电容器的选择与检测

本实训选择的耦合电容是大容量的电解电容。电容器的选择主要考虑耐压和容量两个参数。在电路中，电源电压为直流 3 V，对耦合电容的耐压值要求不高。电容的容量与频率大小有一定的比例关系，产品要求振荡频率较低，故选择 10 μF/10 V。

使用电解电容时，注意正负极不要接反。电解电容的稳态电阻越大（通常为无穷大），说明其质量越好。

检测电解电容的容量和稳态电阻值，将结果记入表 2-24 中。

表 2-24　电解电容的容量和稳态电阻值

序　号	标称值	万用表挡位	稳态电阻值	质　量
C_1				
C_2				
C_3				

4）元器件的安装

（1）按照图 2-23 连接电路，在万能板上先布置好 18 个发光二极管的位置，摆成一个心形，注意发光二极管的极性，长引脚是正极，短引脚是负极。

（2）安装三极管时，注意三个引脚的极性，尤其 e、c 极不要接反。

（3）电路连接完毕，检查正确后连接 3 V 电源，18 个发光二极管依次点亮。

五、实训验收

（1）检查电路布局是否合理，元器件摆放是否美观。

（2）检验电路是否实现心形循环输出。

（3）检查闪烁频率是否达到设计要求。

实训四　晶体管收音机的组装

一、实训目的

（1）掌握电子元器件的识别及质量检验方法。

（2）培养动手能力、理论联系实际、分析问题、解决问题的能力。

（3）掌握一般小型电子产品的装配工艺、焊接技术、调试方法，掌握收音机的工作原理。

二、实训仪器

本次实训所需的实训仪器包括晶体管收音机套件、万用表、信号发生器、电烙铁和电工工具等。

三、实训原理

1. 超外差收音机组成框图

具有自动增益控制调幅广播超外差收音机原理框图如图 2 - 24 所示。

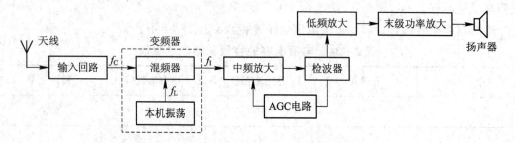

图 2 - 24　调幅(AM)广播超外差收音机原理框图

天线接收到众多广播电台发射出的高频调幅波(AM)信号,经输入回路选出所需要的电台信号,将它送到变频器,经变频后输出频率为 465 kHz 的中频信号,将其送入中频选频放大器进行放大,经放大后的中频信号再送入检波器检波,还原成音频信号,音频信号再经前置低频放大器和末级功放进行功率放大后送到扬声器,由扬声器将音频电信号还原成声音。为了提高收音机的性能还增加了 AGC 电路。超外差接收机是一种性能较好的接收机,具有灵敏度高、选择性好等优点。

2. 工作原理

超外差收音机原理图如图 2 - 25 所示。它包括输入回路、变频器回路、中频放大电路、检波电路、自动增益控制电路、低频放大电路和末级功率放大电路。

1) 输入回路

输入回路处于收音机电路的最前方,由 T_1、C_{1a}、$C_{1a'}$ 及 C_2 组成,如图 2 - 25 所示。T_1 为高 Q 磁性天线,它由一根扁长形磁棒和线圈 L_1、L_2 组成。中波磁棒由锰锌铁氧体材料制成,长度大于 50 mm。一般磁棒越长,接收的灵敏度越高。线圈由漆包线绕制而成。C_{1a}、C_{1b} 为同轴的双联可变电容器,用于选择广播电台。$C_{1a'}$、$C_{1b'}$ 为微调电容器,分别用于统调时调整补偿和调整高端频率刻度时调整补偿。

接收天线接收无线电高频信号,输入回路利用并联回路的谐振特性选择出所要收听的广播电台信号,并将它送到收音机的变频器,把那些不想收听的电台信号有效地加以抑制。因此,要求输入回路具有良好的选择性、合适的通频带(9 kHz),还要具有较大且均匀一致的电压传输系数、良好的工作稳定性和正确的频率覆盖(535 kHz~1605 kHz)。

2) 变频器电路

本机振荡器产生一个频率稳定、幅值相等的振荡信号。混频器是超外差接收机的核心部分,它将天线接收到的高频调幅(AM)信号通过和本地振荡器的信号混频产生 465 kHz 的中频信号。因为混频器和本机振荡器共用一个非线性器件(晶体管),所以称为变频器。

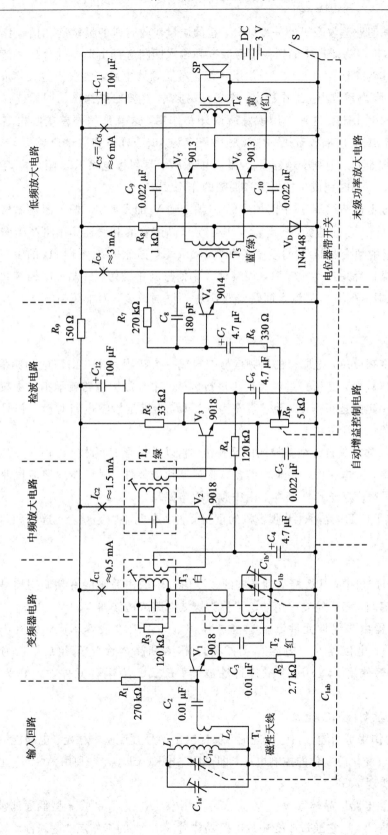

图2-25　超外差收音机原理图

变频器电路是超外差收音机的关键部分，它的质量对收音机的灵敏度和信噪比都有很大的影响。它取本机振荡器产生的振荡信号频率和输入回路选择出来的电台高频信号频率的差频 465 kHz 作为中频信号输出，送往下一级。对变频器电路，要求增益大，非线性失真小，选择性好，噪声系数小，工作稳定；本机振荡频率 f_L 要始终比输入回路选择出的高频信号频率 f_C 高 465 kHz。这种作用就是所谓外差作用，这就是超外差接收机名称的由来。在我国，调幅（AM）广播收音机的中频频率规定为 465 kHz。变频器电路以晶体管 V_1 为核心，由振荡线圈 T_2、中频变压器 T_3、偏置电阻 R_1、发射极电阻 R_2、阻尼电阻 R_3、耦合电容 C_3 所组成，可同时完成本机振荡和混频的作用。

本机振荡信号由振荡线圈 T_2 中间抽头经 C_3 耦合到 V_1 的发射极，输入回路输出的电台信号经 T_1、C_2 耦合到 V_1 的基极，两者在 V_1 中混频。晶体管的非线性作用将产生多种频率成分的信号，由于中频变压器 T_3 的谐振频率为 465 kHz，因此只有 465 kHz 的中频信号才能在这个并联谐振回路中产生电压降，而其他频率信号几乎被短路。调节同轴双联可变电容器 C_{1ab} 时，本机振荡频率 f_L 和输入回路谐振频率 f_C 同时改变，而中频频率 $f_I = f_L - f_C = 465$ kHz 不变。

3）中频放大电路

高频载波经变频以后，把原来的高频信号变换成一个载频为 465 kHz 的中频信号，这个中频信号的电压较弱，必须经过放大后再进行解调。中频放大电路就承担着中频电压放大的任务且具有一定的选频作用，要求带宽为 9 kHz，为满足检波电路对输入信号电平的要求，增益控制在 60 dB 左右。

中频放大电路常常是自动增益控制的受控级。它以晶体管 V_2 为核心。由 R_4、R_5、T_4 等元件组成。在中频放大电路中，要兼顾增益、通频带和选择性，尽可能地使谐振曲线趋于理想矩形曲线。灵敏度和选择性基本上由中频放大电路决定。

中频变压器（T_3、T_4）是超外差收音机的重要元件，在电路中起耦合、选频和阻抗变换的作用。

4）检波电路

在调幅（AM）广播中，从振幅受到调制的载波信号中取出原来的音频调制信号的过程称为检波，也称解调。完成检波作用的电路称为检波电路或检波器。

一般的检波器由非线性元件和低通滤波器组成。要求检波效率高，失真小。检波电路由晶体管 V_3、电位器 R_P、电容 C_5 与 C_7、电阻 R_6 和晶体管 V_4 等组成。V_3 为非线性器件，作为二极管使用，C_5、R_P 组成低通滤波器，R_6、C_7 为耦合元件，V_4 作为检波器负载使用。

5）自动增益控制（AGC）电路

AGC 电路的作用是当输入信号变化时，保证输出信号幅度基本恒定。电路能够产生一个随输入信号大小变化而变化的控制电压，即 AGC 电压（$\pm U_{AGC}$），利用 AGC 电压去控制某些级的增益，实现 AGC。

自动增益控制电路以晶体管 V_2、V_3 为核心，由 C_6、R_4 和 C_4 组成 π 型低通滤波器，输出 AGC 控制电压 U_{AGC}。它通过改变中放电路晶体管 V_2、V_3 的工作点，达到自动增益控制的目的。当 V_3 的集电极输出信号大时，通过反馈 U_{AGC} 电压增大，使 U_B 增大，I_B 增大，β 减小，本级增益减小，从而使检波输出电压减小，因此该电路又称为基极电流控制电路。确定被控管(V_2)的工作点时要兼顾增益和控制效果两个方面的要求。

6）低频放大电路

从检波以后到扬声器的这一部分电路称为低频放大电路，它通常包括前置放大器（低频电压放大器）电路和末级功放（低频功率放大器）电路两部分。其中前置放大器电路工作在甲类，非线性失真小，电压放大倍数大，工作点稳定。

前置放大器电路以晶体管 V_4 为核心，由 R_6、C_7、R_7、C_8、T_5 等元件组成，为末级低频功放提供具有一定电平的音频信号。

输出采用音频变压器(T_5)耦合，可获得较大的功率增益；R_6 和 C_7 为耦合元件；R_7 为偏置、反馈电阻；C_8 为反馈电容器，起改善音质的作用。

7）末级功率放大电路

末级功率放大电路以 V_5、V_6 为核心，由 R_8、V_D、T_5、T_6、C_9、C_{10} 等元件组成，是一种甲乙类互补推挽功率放大电路，用来推动扬声器(SP)工作。同时为了适应推挽功率级的需要，耦合变压器 T_5 的次级侧有中心抽头，把上一级的输出信号对中心抽头分成大小相等、相位相反的两个信号，分别推动推挽管 V_5、V_6 工作。二极管 V_D 和 R_8 为 V_5、V_6 提供静态偏置，使其工作在甲乙类，提高效率且克服交越失真。音频变压器 T_6 起阻抗变换和波形合成的作用。C_9、C_{10} 为反馈电容器，起改善音质的作用。C_{11} 为电解电容器，起电源去耦合作用，可提高电路工作的稳定性。扬声器将电信号转换为声音。

3. 收音机套件元器件及其作用

收音机套件元器件如表 2-25 所示。

表 2-25　元器件明细表

名　称	数量	名　称	数量	名　称	数量
电阻器	9	二极管	1	立柱	1
电位器带螺丝	1+1	线路板	1	三极管 9018	3
圆片电容器	6	2.5×4 螺丝	3	三极管 9014	1
电解电容器	5	3×6 自攻螺丝	2	三极管 9013	2
可变电容器	1	弹簧	1	机壳	1
磁棒、线圈	1+1	正极片	1	喇叭	1
磁棒支架	2	大拨轮	1	电路图	1张
中频变压器	3	小拨轮	1		
音频变压器	2	电线	4		

(1) 电阻器、电位器、扬声器(喇叭)的特性与应用。利用电阻分压、分流、限流的作用，调节电路中的电压与电流。扬声器为消耗电能的负载，把音频电信号转换成声音。

(2) 电容器、可变电容器、电感器的特性与应用。电容器具有隔直流通交流的特性，频率越高容抗越小，在电路中可作为耦合电容、旁路电容或滤波电容使用，并可与电感组成谐振回路应用于选频电路中。要求：电容器介质损耗小，绝缘电阻大。电感的线圈电阻 R 越小，Q 越高，损耗越小，谐振回路的选择性越好，灵敏度越高。

(3) 变压器(磁性天线、振荡线圈)的特性与应用。变压器线圈的电阻很小，初级、次级之间电阻为无穷大。变压器具有电压变换、耦合与阻抗变换的作用。利用变压器的线圈电感和电容组成谐振回路，具有选频作用。

(4) 二极管的特性与应用。二极管具有单向导电性，可应用于整流、稳压、检波、开关和钳位电路中。

(5) 晶体管的特性与应用。晶体管对信号具有放大作用，它是放大(混频、振荡)电路的核心器件。

(6) 电池(电源)的特性与应用。电池内阻很小，可提供稳定的直流电压(能源)。

四、实训内容

1. 元器件的认知

按材料清单清点全套零件，认知元器件，了解它们的型号、规格、性能和作用，熟悉图纸上的元器件符号，并与实物对照。

本实训图中：V 表示晶体管，V_D 表示二极管，T 表示变压器，R 表示电阻，C 表示电容。

2. 电路识图

(1) 初步了解。组装的收音机为调幅(AM)广播超外差晶体管收音机。

(2) 化整为零。超外差收音机可划分为天线、输入回路、变频电路、中频放大电路、检波电路、自动增益控制(AGC)电路、低频放大电路、末级功率放大电路和扬声器(喇叭)。

(3) 找出通路(直流通路(偏置电路)和交流信号通路)。

(4) 抓住联系(耦合元件、输入电阻和输出电阻)。

(5) 估算指标(如灵敏度、通频带、选择性、放大倍数、输入电阻和输出电阻、检波效率、频率范围 535 kHz～1605 kHz、输出功率≥100 mW 等)。

3. 元器件的检测

在安装之前，需要对所有的元器件进行检测，以保证元器件质量达到要求。

(1) 变压器内阻的测量参考值如表 2-26 所示。

表 2 - 26　变压器内阻的测量参考值（万用表 $R \times 1$ 挡）

变　压　器	参　考　值
磁性天线（T_1）	初级电阻 3.8 Ω，次级电阻 0.8 Ω
振荡线圈（T_2、红）	初级电阻 0.3 Ω，次级电阻 0.3 Ω、3.8 Ω
中频变压器（T_3、白）	初级电阻 1.0 Ω、3.8 Ω，次级电阻 3.8 Ω
中频变压器（T_4、绿）	初级电阻 2.4 Ω、3.0 Ω，次级电阻 1.0 Ω
音频（输入）变压器（T_5、蓝、绿）	初级电阻 180 Ω，次级电阻 85 Ω、85 Ω（万用表 $R \times 10$ 挡）
音频（输出）变压器（T_6、黄、红）	初级电阻 6 Ω、6 Ω，次级电阻 0.8 Ω

（2）用万用表测量各元器件的电阻值，测量参考值如表 2 - 27 所示。

表 2 - 27　元器件的参考值

类别	测　量　内　容	电阻挡	参　考　值
R	电阻值	R	见电阻上的色环标识
V_D	正、反向电阻值	$R \times 100$	$R_{正}$ 为 1.0 kΩ 左右，$R_{反}$ 为 ∞
V	NPN 型晶体管（e、b、c 间）正、反向电阻值	$R \times 100$	高频管 9018：$R_{正}$ 为 1.4 kΩ 左右，$R_{反}$ 为 ∞；低频管 9013、9014：$R_{正}$ 为 1.2 kΩ 左右，$R_{反}$ 为 ∞
T	绕组电阻	$R \times 1$	见表 2 - 26
	绕组与壳绝缘电阻	$R \times 1k$	中频变压器绕组与壳绝缘电阻为无穷大
CC	圆片电容的绝缘电阻值	$R \times 1k$	绝缘电阻值为无穷大
CD	电解电容器的绝缘电阻及质量	$R \times 1k$	指针应摆动一下，然后退回到机械零位。摆动程度视容量大小而异，大容量摆动角度大，且返回原位的速度较慢。如果不能返回原位，则说明电容漏电，一般不能采用

4. 电路的安装

要认真细心地进行元器件安装，元器件安装质量及顺序直接影响整机质量。

把三只中频变压器和两只音频变压器安装在线路板上，要求按到底，三只中频变压器壳固定支脚内弯 90°，要求焊上；安装晶体管，注意型号（9013、9014、9018）、管脚（e、b、c）和安装高度；安装全部电阻，注意色环方向保持一致，一般要立式安装，误差标记一端在下面；安装二极管和电解电容器，注意极性和安装高度；用 $\phi 2.5 \times 4$ 的螺钉把可变电容器拧在线路板上。

注意：所有元器件高度不得高于中频变压器的高度，圆片电容器不分正负极。

5. 元器件的焊接

安装时，防止安装有误，给后续工作带来麻烦，经同组成员之间检查后才允许进行焊接工作。引线或元器件引脚要进行镀锡处理，镀锡层未氧化时可以不再处理。

焊接时，烙铁头上要有少量焊锡，烙铁头要接触到元件的引脚与铜箔，这时把焊锡丝触到烙铁头上，焊锡丝会很快熔化，把元件的引脚与铜箔连为一体，焊锡、烙铁很快离开，这样就焊好了。检查焊点有无漏焊、虚焊和短接。

注意：焊接时锡量要适中，焊点成圆锥形。

印制板焊好后，修整引线，剪断引线多余部分，注意不可留得太长，焊点高度小于2 mm，也不可太短。在电位器和双联上安上拨轮，用四条电线连上喇叭、正极片与弹簧，并将正极片、弹簧分别插入机壳。

注意：电线两头露出的铜丝不要太长，露出 2 mm～3 mm 为宜，防止与其他地方短路。

6. 直流测量

1）通电前的准备

接入电源前，先检查电源引线正负极是否正确。自检，互检，使得焊接及印制板质量达到要求。特别注意各电阻阻值是否与图纸相同，各晶体管、二极管和电解电容器是否有极性焊错、位置装错以及电路板覆铜板线条断线或短路，焊接时有无漏焊、虚焊、焊锡造成电路短路现象。

2）接入电源后

线路板留有四个测电流的口，用万用表分别在四个口处测量晶体管的静态工作电流。一般情况下，$I_{C1} \approx 0.5$ mA，$I_{C2} \approx 1.5$ mA，$I_{C4} \approx 3$ mA，$I_{C5} = I_{C6} \approx 6$ mA。测量合适后要用焊锡将电流口封住，这时收音机就响了，慢慢转动调谐拨轮，应能听到广播声。如果遇到哪一级电流太小或太大，要重点检查该级的二极管、晶体管极性是否装错，周围元件是否装错，是否有焊接短路的现象。

用万用表 100 mA 直流电流挡测量整机静态总电流。将表笔跨接于电源开关（开关为断开位置）的两端（若指针反偏，则对调表笔），测量结果如下：

（1）电流为 0。这是由于电源的引线已断，或电源的引线及开关虚焊所致，如果这一部分证明是完好的，应检查印刷电路板，看有无断裂处。

（2）电流很大，表针满偏。这是由于输出变压器初级线圈对地短路，或者 V_5、V_6 集电极对地短路（可能 V_5 或 V_6 的 c、e 引脚焊锡短路所致），要重点检查二极管（V_D）是否焊接反，测量其两端电压（正常值应为 0.62 V 左右），如果电压偏高，则应更换二极管。

（3）正常情况下，总电流约为 10 mA±2 mA。

注意：在此过程中不要调节中频变压器及微调电容，经通电检查并正常发声后，可进行调试工作。

7. 整机调试

1）调整中频频率

调整中频频率的目的是将中频变压器的谐振频率调整到固定的中频频率 465 kHz。打开收音机开关，转动调谐拨轮，可以选择接收某一广播电台信号，这时用改锥按顺序（由后级向前级）分别调试两个中频变压器（绿色 T_4、白色 T_3）的磁帽（反复调整 2～3 次），使喇叭输出音量最大。

2）调整频率范围

调整频率范围的目的是使双联可变电容器从全部旋入到全部旋出所接受的频率范围恰好是整个中波波段，即 535 kHz～1605 kHz。

(1) 低端调整。将信号发生器调至 535 kHz，把收音机调谐拨轮转到低端 535 kHz 位置上（将双联可变电容器全部旋入），调节振荡线圈（T_2），使收音机信号声出现并最强。

(2) 高端调整。将信号发生器调到 1605 kHz，把收音机调谐拨轮转到高端 1605 kHz 位置上（将双联可变电容器全部旋出），调节双联可变电容器的微调电容器 C_{1b}，使收音机信号声出现并最强。

注意：高、低端反复调整 2～3 次，使信号最强。

也可用广播电台信号进行调试。收听熟悉的几个不同频段范围内的广播电台，调试使其声音最大，使指针对准其频率刻度即可。

8. 统调（调灵敏度，跟踪调整）

整机统调的目的是使本机振荡频率始终比输入回路的谐振频率高出一个固定的中频频率 465 kHz。

(1) 低端调整。把收音机调谐拨轮转到低端 600 kHz 左右位置上，接收一电台信号，调整磁性天线 T_1 线圈在磁棒上的位置，使低端信号最强，收音机输出的音量最大（一般线圈位置应靠近磁棒的右端）。

(2) 高端调整。把收音机调谐拨轮转到高端 1500 kHz 左右位置上，接收一电台信号，调整微调电容器，使高端信号最强，收音机输出的音量最大。

注意：高、低端反复调整 2～3 次，调试完后即可用蜡将线圈固定在磁棒上。

9. 故障排除

1）检测要领

检测要领：耐心细致、冷静有序。按步骤进行，一般由后级向前级检测，先判断故障位置，再查找故障点，循序渐进，排除故障。忌乱调乱拆，盲目烫焊。

2）常用的检测方法

用万用表的 $R×10$ 挡，红表笔单接电池负极（地），黑表笔碰触晶体管基极（通常为功率放大器或中频电压放大器的输入端），或手握改锥金属部分去碰触放大器（功率放大、中频放大）输入端，此时，从喇叭可听到"咯咯"声。否则，说明碰触点后面电路有问题。

(1) 完全无声。接通电源开关，将音量电位器开至最大，若喇叭中没有任何响声，则可以判定低频部分有问题。此时，应首先检查四个电流口是否封住；再检查喇叭及喇叭引线、电池引线是否焊好；最后检查电位器开关是否接触好，输出变压器（T_6）的次级是否断线。

(2) 有"沙沙……"的电流声，收不到电台，说明故障在高频部分。此时，应检查磁性天线（T_1）线圈的线头是否焊好（注意线圈的线头上是有漆的，必须先刮掉漆皮再焊才能焊好），检查双联电容器（C_{1a}、C_{1b}）的三个头是否焊好，检查中频变压器及周围的焊点是否有短路现象，检查红色中频变压器（即振荡线圈 T_2）是否装错位置。

（3）收台少，说明统调没调好。此时，应按顺序重新进行认真统调。

（4）声音小。应先检查各晶体管的电流是否太小，再检查耦合元件是否正常。

（5）啸叫。应先检查各晶体管的电流（I_C）是否太大，再检查甲类低放反馈电容 C_8 是否失效。

五、实训验收

实训验收标准如下：

（1）外观：机壳、频率盘清洁完整，不得有划伤、烫伤及缺损。

（2）印制板：安装整齐，无损伤，焊接质量好、光亮美观，不得有虚焊、桥接，特别是导线与正负极间的焊盘焊接质量要好。

（3）整机安装合格：转动部分灵活，固定部分可靠，后盖松紧合适。

（4）满足性能指标要求。

第三部分

数字电子技术

知 识 链 接 三

一、数字电路实验箱

数字电路实验箱采用模块化箱式结构设计。数字电路实验箱板如图 3-1 所示，它主要由电源、逻辑电平选择开关、脉冲输出、数码显示管、逻辑电平显示、数字电压表、蜂鸣器、逻辑笔和按钮开关、元件库和集成电路芯片插座区等固定模块组成。

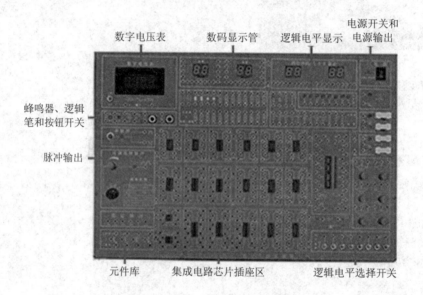

图 3-1 数字电路实验箱板

使用数字电路实验箱，并配备万用表、示波器和信号发生器，就可以完成数字电路课程的全部实验内容。数字电路实验箱板采用双面板工艺，正面贴膜，印有元件符号和各种输入、输出标示，反面为印制导线并焊有相应元器件，需要连接导线，测量及功能单元的输入、输出均由性能良好的插口引出，直观，灵活。

采用数字电路实验箱可解决实验枯燥、连线过于烦琐的缺点，提高实验的效率与学习兴趣，体现"在做中学、在学中做"的真谛。

（一）基本结构与技术性能

1. 电源开关和电源输出

电源开关和电源输出由交流电源开关、过载短路报警装置和 5 路直流稳压电源输出部分组成。

输入：AC 220 V。

输出：DC+5 V/1 A，DC±12 V/0.5 A，DC±15 V/0.5 A。这5路直流电源输出均配有各自独立的保险，且具有过载和短路蜂鸣报警。

2. 逻辑电平选择开关

逻辑电平选择开关如图 3-2 所示，用于模拟输入信号的高、低电平。

逻辑电平选择开关共有 8 组，可输出 L(低)、H(高)电平。开关下拨时输出为 L(低)电平，即"0 V"；上推时输出为 H(高)电平，即"+5 V"。

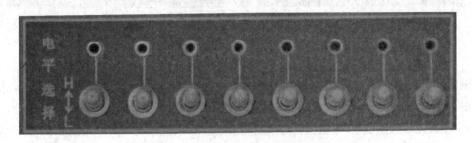

图 3-2　逻辑电平选择开关

3. 脉冲输出

脉冲输出如图 3-3 所示，由可调连续脉冲输出、单脉冲输出和固定脉冲输出部分组成。

(a) 连续脉冲

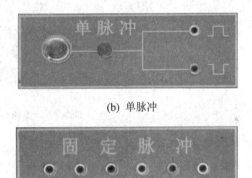

(b) 单脉冲

(c) 固定脉冲

图 3-3　脉冲输出

可调连续脉冲输出如图 3-3(a)所示，频率可调脉冲源输出分为 4 挡——100 Hz~1 kHz 连续可调方波，1 kHz~10 kHz 连续可调方波，10 kHz~100 kHz 连续可调方波，100 kHz~1 MHz 连续可调方波，由开关切换，输出均为 TTL 电平。

单脉冲输出如图 3-3(b)所示，可同时输出正、负两个脉冲，正、负脉冲分别用两个发光二极管显示。

固定脉冲输出如图 3-3(c)所示，有 6 个固定脉冲输出：10 kHz、1 kHz、100 Hz、10 Hz、2 Hz、1 Hz。

4. 数码显示管

数码显示管如图 3-4 所示，由无驱动数码显示管和有驱动数码显示管两部分组成。

(a) 无驱动数码显示管　　　　　　　　　　　(b) 有驱动数码显示管

图 3-4　数码显示管

无驱动数码显示管如图 3-4(a) 所示。7 段 LED 数码管显示，带有小数点段 p，共配有 4 个 LED 数码管(2 个共阴极，2 个共阳极)，为非译码驱动显示。输入插孔标示 a、b、c、d、e、f、g，小数点输入标示 p，可根据共阳极或共阴极数码管来置公共端"COM"为 5 V 或 0 V。

有驱动数码显示管如图 3-4(b) 所示。7 段 LED 数码管显示，带小数点段 P，共配有 4 个 LED 数码管，数码管带十进制 4 位译码驱动器，输入插孔标示 A、B、C、D 和 P。

5. 逻辑电平显示

逻辑电平显示如图 3-5 所示，由 8 个发光二极管(红色 LED)及驱动电路组成。8 位电平显示：当正逻辑"1"(即高电平)送入时 LED 亮，反之则不亮。

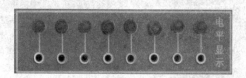

图 3-5　逻辑电平显示

6. 数字电压表

数字电压表如图 3-6 所示。其测量范围为 -20 V~20 V，显示数位为 4 位，显示单位为"V"，不用时应关闭电源。测量时应注意测量信号的极性(＋、－)。

图 3-6　数字电压表

7. 蜂鸣器、逻辑笔和按钮开关

蜂鸣器、逻辑笔和按钮开关如图 3-7 所示。

蜂鸣器：当输入 5 V 电压时有蜂鸣音。

逻辑笔(三态显示)：测量电路的信号状态为高电平时，红灯(R)亮；为低电平时，绿灯(G)亮；为高阻态时，黄灯(Y)亮。

按钮开关：有两个用于电路的手动通、断开关。

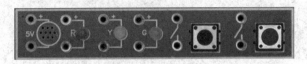

图 3 - 7　蜂鸣器、逻辑笔和按钮开关

8. 元件库

元件库如图 3 - 8 所示，由 4 个元器件子库组成。

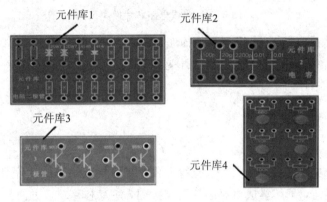

图 3 - 8　元件库

(1) 元件库 1 将常用的电阻和晶体二极管固定在实验箱板上，方便电路连接。元件库 1 中共有 4 只二极管，20 只电阻。

2DW7 型二极管的击穿电压在 5.8 V～6.5 V 之间，最大电流是 30 mA，可以用来稳压。1N4148 是超快速反向恢复二极管，用于小电流整流(100 mA)，也可用作开关二极管。

(2) 元件库 2 将常用的电容固定在实验箱板上，方便电路连接。

(3) 元件库 3 将常用的晶体三极管(NPN 型、PNP 型)固定在实验箱板上，方便电路连接。

9013 是一种 NPN 型小功率硅三极管，也是常见的晶体三极管，常用于收音机以及各种放大电路中，也可用作开关三极管。

8550 是一种常用的普通三极管。它是一种低电压、大电流、小信号的 PNP 型硅材料三极管。

(4) 元件库 4 是将常用的电位器固定在实验箱板上，方便电路连接。元件库 4 中共有 6 只电位器，其阻值分别为 680 Ω、1 kΩ、10 kΩ、47 kΩ、100 kΩ、1 MΩ。

9. 集成电路芯片插座区

集成电路芯片插座区如图 3 - 9 所示，由常用集成电路插座区和多脚集成电路插座区两部分组成。

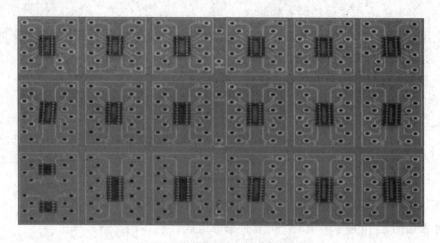

图 3-9　集成电路芯片插座区

常用集成电路插座区共有 19 只芯片插座,其中 14 脚的 6 只、16 脚的 6 只、18 脚的 5 只、8 脚的 2 只;各个引脚配有金属针管插座,其中多脚集成电路插座区是 40 个引脚的插座,供实验时接插芯片。

(二) 使用方法及注意事项

1. 使用方法

(1) 安插集成块在实验箱上。为了查线方便,要将集成块引脚顺序和实验箱的插孔顺序保持一致。插线前,了解集成电路芯片引脚排列,注意芯片缺口方向。

(2) 将电源线先引到每一块集成电路的电源引脚上(电源线通常用红色线、地线用黑色线),其他各引脚按照电路图连线,连线完毕后,仔细检查电路。

(3) 将标有 220 V 的电源线接入市电。打开电源开关,指示灯亮。

(4) 数字电路测试大体上分为静态测试和动态测试两部分。

静态测试:是指给定数字电路若干组静态输入值,测试数字电路的输出值是否正确。把线路的输入(芯片的输入端、控制端)接电平选择开关,线路(芯片)的输出接电平指示灯,按功能表或状态表的要求,改变输入状态,观察输入和输出的关系是否符合设计要求。静态测试是检查设计是否正确、接线是否无误的重要一步。

动态测试:在静态测试基础上,按设计要求在输入端加动态脉冲信号,观察输出端波形是否符合设计要求。有些数字电路只需要进行静态测试即可,有些数字电路则必须进行动态测试。一般地,时序电路应进行动态测试。

2. 注意事项

使用实验箱时应注意的事项如下:

(1) 电源的打开顺序是先打开交流开关,再打开各个模块的控制开关。电源关掉的顺序刚好与此相反。

(2) 实验箱电路板上所有芯片插座是有方向和引脚数的,芯片缺口方向与插座缺口方向应一致,芯片引脚数与插座引脚数应一致。

（3）在做实验时切忌带电随意插拔芯片。

（4）距离较近的两连接端尽可能用短导线，避免干扰；距离较远的两连接端尽量选用长导线直接连接，尽可能不用多根导线做过渡连接。

（5）实验时，应按实验指导书所提出的要求及步骤，逐项进行实验和操作。切忌在实验中带电连接线路。改接线路时，必须断开电源，再连线进行实验。

（6）实验箱中连接线的使用方法为：连线插入时要垂直，切忌用力，拔出时用手捏住连线靠近插孔的一端，然后左右旋转几下，切忌用力向上拉线，这样很容易造成连线和插孔的损坏。

（7）一定要注意元件库中二极管、三极管和数码管的极性。

（8）如果在实验中由于操作不当或其他原因而出现异常情况，如数码管显示不稳、闪烁、芯片发烫等，应立即断电。

（9）完成实验接线后，必须进行自查：串联回路从电源的某一端出发，按回路逐项检查各仪表、设备、负载的位置、极性等是否正确、合理；并联支路则检查其两端的连接点是否在指定的位置。自查完成后，须经指导教师复查后方可通电实验。

（10）实验中应注意观察实验现象是否正常，所得数据是否合理，实验结果是否与理论相一致。

（11）完成本次实验全部内容后，应请指导教师检查实验数据。经指导教师认可后方可拆除接线，整理好连接线、仪器、工具。

二、组合逻辑电路的设计方法

组合逻辑电路设计是组合逻辑电路分析的逆过程，是根据给定的逻辑功能设计出能够实现这些功能的最简或最佳逻辑电路。

组合逻辑电路的设计步骤包括以下几步：

（1）对给定的实际问题进行逻辑抽象。将设计问题转化为一个逻辑问题，确定输入与输出变量，并进行状态赋值，即确定 0 和 1 代表的意义。

（2）列出真值表。根据抽象的结果列出真值表。

（3）写出最小项表达式。根据真值表，用一个最小项形式的逻辑表达式来描述设计要求。

（4）化简逻辑函数。一般地，最小项表达式不是函数的最简式，因此需要用公式法或卡诺图法将最小项表达式化为最简，以求得描述设计问题的最简与或表达式。

（5）变换逻辑函数。根据给定的门电路类型，将第（4）步所得的最简与或表达式变换为所需要的形式（如与非表达式），以便能按此形式直接画出逻辑图。

（6）画逻辑图。根据第（5）步的结果，画出逻辑电路图，并考虑实际工程问题，包括门电路的扇入、扇出系数是否满足集成电路的技术问题，整个电路的传输延迟是否满足设计要求，所设计的电路中是否存在竞争冒险现象等，并最后选定合适的集成电路器件。

项目六

基本门电路逻辑功能测试

实验一 门电路逻辑功能的验证

一、实验目的

(1) 熟悉集成门电路的引脚排列，验证其逻辑功能。

(2) 掌握集成门电路逻辑功能及功能测试方法。

(3) 熟悉数字电路实验箱及万用表的使用方法。

二、实验仪器

本次实验所需的实验仪器包括数字电路实验箱、万用表、集成芯片 74LS00 和 74LS86 等。

三、实验原理

1. 与非门 74LS00

74LS00 为四个 2 输入端 TTL 与非门（正逻辑），即有四个同样的与非门，每个与非门有 2 个输入端，所以称为四 2 输入与非门。其有 54/7400、54/74H00、54/74S00、54/74LS00 四种线路结构形式。

引脚识别方法：将 TTL 集成门电路正面（印有集成门电路型号标记）正对自己，有缺口或有圆点的一端置向左方，左下方第一引脚为 1 脚，按逆时针方向，引脚号依次为 1，2，3，…，14。74LS00 的引脚排列如图 3-10(a) 所示，$1A \sim 4A$、$1B \sim 4B$ 为输入端，$1Y \sim 4Y$ 为输出端，14 脚接 +5 V 电源，7 脚接地；74LS00 实物图如图 3-10(b) 所示。

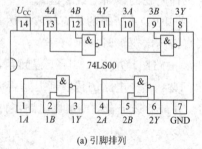

(a) 引脚排列

(b) 实物图

图 3-10 双列直插型 74LS00 的引脚排列与实物图

74LS00 的逻辑功能如表 3 - 1 所示，其逻辑函数表达式为 $Y = \overline{AB}$。

表 3 - 1　74LS00 的功能表

输　　入		输　出
A	B	Y
L	L	H
L	H	H
H	L	H
H	H	L

注：L 为低电平，H 为高电平。

2. 集成异或门 74LS86

74LS86 为四个 2 输入端异或门，即有四个同样的异或门，每个异或门有 2 个输入端，所以称为四 2 输入异或门。

74LS86 的引脚排列与实物图如图 3 - 11 所示，$1A \sim 4A$、$1B \sim 4B$ 为输入端，$1Y \sim 4Y$ 为输出端，14 脚接 +5 V 电源，7 脚接地。

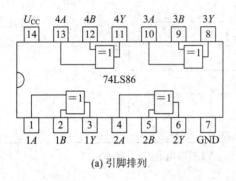
(a) 引脚排列

(b) 实物图

图 3 - 11　74LS86 的引脚排列与实物图

74LS86 的逻辑功能如表 3 - 2 所示，其逻辑函数表达式为 $Y = A \oplus B = A\overline{B} + \overline{A}B$。

表 3 - 2　74LS86 的功能表

输　　入		输　出
A	B	Y
L	L	L
L	H	H
H	L	H
H	H	L

注：L 为低电平，H 为高电平。

四、实验内容

门电路逻辑功能测试电路如图 3-12 所示。

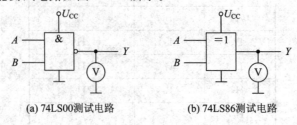

(a) 74LS00测试电路   (b) 74LS86测试电路

图 3-12 门电路逻辑功能测试电路

1. 74LS00 逻辑功能测试

按图 3-12(a)所示电路连线,输入端 A、B 接逻辑电平选择开关(任选两个),输出端 Y 接逻辑电平指示灯(在发光二极管中任选一个),集成门电路芯片的 14 脚 U_{CC} 接 +5 V 电源,7 脚接地。将逻辑电平选择开关 A、B 按表 3-3 置位(0 为低电平,1 为高电平),分别测出输出端 Y 的逻辑状态和输出电压值,将理论值和测量值填入表 3-3 中。

表 3-3   74LS00 逻辑功能测试记录表

输 入		输 出			实验结论(对比理论值)
A	B	Y(理论值)	Y(测量值)	电压 U_o/V	
0	0				
0	1				
1	0				
1	1				

注:Y(理论值)指示灯的灭、亮分别用 0、1 表示,Y(测量值)用灭、亮表示。

2. 74LS86 逻辑功能测试

按图 3-12(b)所示电路连线,输入端 A、B 接逻辑电平选择开关(任选两个),输出端 Y 接逻辑电平指示灯(在发光二极管中任选一个),集成门电路芯片的 14 脚 U_{CC} 接 +5 V 电源,7 脚接地。将逻辑电平选择开关 A、B 按表 3-4 置位(0 为低电平,1 为高电平),分别测出输出端 Y 的逻辑状态和输出电压值,将理论值和测量值填入表 3-4 中。

表 3-4   74LS86 逻辑功能测试记录表

输 入		输 出			实验结论(对比理论值)
A	B	Y(理论值)	Y(测量值)	电压 U_o/V	
0	0				
0	1				
1	0				
1	1				

注:Y(理论值)指示灯的灭、亮分别用 0、1 表示,Y(测量值)用灭、亮表示。

五、实验数据处理

（1）根据表 3-3 中的实验数据，验证与非门的逻辑功能。

（2）根据表 3-4 中的实验数据，验证异或门的逻辑功能。

实验二 门电路逻辑功能的转换

一、实验目的

（1）掌握集成门电路的逻辑功能转换方法。

（2）掌握逻辑功能转换的理论基础及功能测试方法。

二、实验仪器

本次实验所需的实验仪器包括数字电路实验箱、万用表、集成芯片 74LS20 等。

三、实验原理

74LS20 为两个 4 输入端与非门，即有两个同样的与非门，每个与非门有 4 个输入端，所以称为双 4 输入与非门。

74LS20 的引脚排列与实物图如图 3-13 所示，$1A \sim 1D$、$2A \sim 2D$ 为输入端，$1Y$、$2Y$ 为输出端，NC 为空脚，14 脚接 +5 V 电源，7 脚接地。

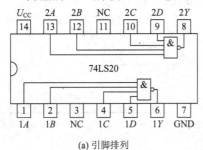

(a) 引脚排列   (b) 实物图

图 3-13 74LS20 的引脚排列与实物图

74LS20 的逻辑功能如表 3-5 所示，其逻辑函数表达式为 $Y = \overline{ABCD}$。

表 3-5 74LS20 的功能表

输　　　入				输　出
A	B	C	D	Y
×	×	×	L	H
×	×	L	×	H
×	L	×	×	H
L	×	×	×	H
H	H	H	H	L

注：L 为低电平，H 为高电平，×为任意。

四、实验内容

1. 用与非门构成非门

理论基础：$Y = \overline{A \cdot A} = \overline{A}$，$Y = \overline{A \cdot 1} = \overline{A}$。

用与非门 74LS00 构成的非门逻辑电路如图 3-14 所示，集成门电路芯片的 14 脚接 +5 V 电源，7 脚接地。

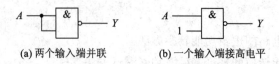

(a) 两个输入端并联　　　　(b) 一个输入端接高电平

图 3-14　非门逻辑电路

图 3-14(a) 中，两个输入端并联后 A 端接逻辑电平选择开关，输出端 Y 接逻辑电平指示灯；图 3-14(b) 中，输入端 A 接逻辑电平选择开关，1 表示接高电平(+5 V)，输出端 Y 接逻辑电平指示灯。

分别按图 3-14(a)、(b) 所示电路连线，将逻辑电平选择开关按表 3-6、表 3-7 置位，测出输出端的逻辑状态和输出电压值，将理论值和测量值填入表 3-6、表 3-7 中。

表 3-6　图 3-14(a) 的非门逻辑功能测试记录表

输入	输出			实验结论(对比理论值)
A	Y(理论值)	Y(测量值)	电压 U_o/V	
0				
1				

注：Y(理论值)用 0、1 表示，Y(测量值)用灭、亮表示。

表 3-7　图 3-14(b) 的非门逻辑功能测试记录表

输入	输出			实验结论(对比理论值)
A	Y(理论值)	Y(测量值)	电压 U_o/V	
0				
1				

注：Y(理论值)用 0、1 表示，Y(测量值)用灭、亮表示。

2. 用与非门构成与门

理论基础：$Y = \overline{\overline{AB}} = AB$。

用与非门 74LS00 构成的与门逻辑电路如图 3-15 所示，集成门电路芯片的 14 脚接 +5 V电源，7 脚接地。

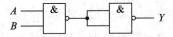

图 3-15　与门逻辑电路

按图 3-15 所示电路连线，将逻辑电平选择开关按表 3-8 置位，分别测出输出端的逻辑状态和输出电压值，将理论值和测量值填入表 3-8 中。

表 3-8　与门逻辑功能测试记录表

输　入		输　出			实验结论(对比理论值)
A	B	Y(理论值)	Y(测量值)	电压 U_o/V	
0	0				
0	1				
1	0				
1	1				

注：Y(理论值)用 0、1 表示，Y(测量值)用灭、亮表示。

3. 74LS20 逻辑功能测试

按图 3-16 所示电路连线，输入端 A、B、C、D 接逻辑电平选择开关，输出端 Y 接逻辑电平指示灯，电路芯片的 14 脚(U_{CC})接 +5 V 电源，7 脚接地。

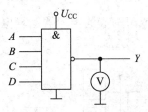

图 3-16　74LS20 逻辑功能测试

将逻辑电平选择开关 A、B、C、D 按表 3-9 置位，分别测出输出端的逻辑状态和输出电压值，将理论值和测量值填入表 3-9 中。

表 3-9　74LS20 逻辑功能测试记录表

输　入				输　出			实验结论(对比理论值)
A	B	C	D	Y(理论值)	Y(测量值)	电压 U_o/V	
×	×	×	0				
×	×	0	×				
×	0	×	×				
0	×	×	×				
1	1	1	1				

注：0 为低电平，1 为高电平，× 为任意电平，Y(理论值)用 0、1 表示，Y(测量值)用灭、亮表示。

五、实验数据处理

（1）根据表 3-6、表 3-7 中的实验数据，验证非门的逻辑关系。

（2）根据表 3-8、表 3-9 中的实验数据，验证与门、或门的逻辑关系。

实验三　加法器逻辑电路的分析

一、实验目的

（1）熟悉用门电路构成半加器、全加器的方法。

（2）掌握半加器功能及功能测试方法。

（3）掌握全加器功能及功能测试方法。

（4）了解二进制数的运算规则。

二、实验仪器

本次实验所需的实验仪器包括数字电路实验箱、万用表等。

三、实验原理

（1）半加器：用与非门和异或门构成的半加器逻辑电路如图 3-17 所示，其逻辑函数表达式为 $S=A\oplus B=A\bar{B}+\bar{A}B$，$C=AB$。

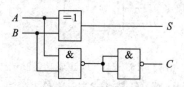

图 3-17　半加器逻辑电路

（2）全加器：用与非门和异或门构成的全加器逻辑电路如图 3-18 所示，其逻辑函数表达式为 $S_i=A_i\oplus B_i\oplus C_{i-1}$，$C_i=(A_i\oplus B_i)C_{i-1}+A_iB_i$。

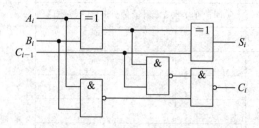

图 3-18　全加器逻辑电路

四、实验内容

1. 半加器功能测试

按图 3-18 所示电路连线，输入端 A(被加数)、B(加数)接逻辑电平选择开关，输出端 S(和数)、C(进位数)接逻辑电平指示灯。芯片的 14 脚接 +5 V 电源，7 脚接地。将逻辑电平选择开关 A、B 按表 3-10 置位，把测试数据填入表 3-10 中。

表 3-10　半加器功能测试记录表

输　入		输　　　出		实验结论(亮、灭，表达式)
A	B	S	C	
0	0			
0	1			
1	0			
1	1			

2. 全加器功能测试

按图 3-18 所示电路连线，输入端 A_i(被加数)、B_i(加数)、C_{i-1}(相邻低位的进位)接逻辑电平选择开关，输出端 S_i(本位和数)、C_i(本位向相邻高位的进位)接逻辑电平指示灯。芯片的 14 脚接 +5 V 电源，7 脚接地。将逻辑电平选择开关 A_i、B_i、C_{i-1} 按表 3-11 置位，把测试数据填入表 3-11 中。

表 3-11　全加器功能测试记录表

输　入			输　　出		实验结论(亮、灭，表达式)
A_i	B_i	C_{i-1}	S_i	C_i	
0	0	0			
0	0	1			
0	1	0			
0	1	1			
1	0	0			
1	0	1			
1	1	0			
1	1	1			

五、实验数据处理

(1) 根据表 3-10 中的实验数据，验证半加器的逻辑功能。

(2) 根据表 3-11 中的实验数据，验证全加器的逻辑功能。

实验四　组合逻辑电路的设计

一、实验目的

(1) 了解组合逻辑电路的结构特点。

(2) 掌握组合逻辑电路的设计方法。

(3) 验证所设计的产品的逻辑功能。

二、实验仪器

本次实验所需的实验仪器包括数字电路实验箱、万用表、集成芯片 74LS00 和 74LS20 等。

三、实验原理

1. 3 人简单表决器电路设计

利用实验箱的 74LS00 和 74LS20 与非门设计一个 3 人简单表决器电路。要求：有 2 人或 3 人同意，则表决事件通过；每人一个按键，如果同意则按下，不同意则不按；结果用指示灯表示，指示灯亮，表明所需表决事件通过，指示灯不亮，表明表决事件没有获得通过。

设计步骤如下：

(1) 进行逻辑抽象。3 人表决时有 3 个按键，说明有 3 个输入变量，设为 A、B、C，且按下为"1"，不按时为"0"。指示灯用输出变量 Y 表示，事件表决获得通过，则灯亮，此时状态设为"1"，反之为"0"。

(2) 根据抽象的结果列出真值表。真值表如表 3-12 所示。

表 3-12　真　值　表

输	入		输　出
A	B	C	Y
0	0	0	0
0	0	1	0
0	1	0	0
0	1	1	1
1	0	0	0
1	0	1	1
1	1	0	1
1	1	1	1

(3) 根据真值表写出最小项表达式。逻辑函数最小项表达式为

$$Y = \overline{A}BC + A\overline{B}C + AB\overline{C} + ABC$$

(4) 化简与变换表达式。逻辑电路一般要根据逻辑图设计，而逻辑图又往往由逻辑表达式得到。对于同一个逻辑函数来讲，其表达式可以有多个，表达式越简单，则表示的逻辑关系越明显，所得的逻辑图越简单。因此，往往需要对逻辑函数的表达式进行化简。可以利用卡诺图的方法化简，如图 3-19 所示。

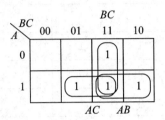

图 3-19　卡诺图

化简后的表达式为

$$Y = AB + BC + AC$$

对于要求使用 74LS00、74LS20 与非门实现的逻辑电路，还要对表达式进行变换。利用还原律（非-非律）和反演律对简化后的表达式进行变换。变换后的与非表达式为

$$Y = \overline{\overline{AB} \cdot \overline{BC} \cdot \overline{AC}}$$

(5) 根据表达式画出逻辑图。3 人简单表决器的逻辑电路如图 3-20 所示，与非门多余的输入端接高电平（+5 V）。

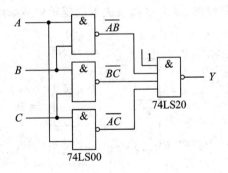

图 3-20　3 人简单表决器电路

2. 3 人多数表决器（其中一人拥有否决权）电路设计

设计步骤如下：

(1) 进行逻辑抽象。3 人表决时有 3 个按键，说明有 3 个输入变量，设为 A、B、C。设其中一人具有否决权（假设此人为 B），且按下为"1"，不按时为"0"。输出变量为 Y，事件表决获得通过，则灯亮，此时状态设为"1"，反之为"0"。

(2) 根据抽象的结果列出真值表。真值表如表 3-13 所示。

表 3 - 13 真 值 表

输 入			输 出
A	B	C	Y
0	0	0	0
0	0	1	0
0	1	0	0
0	1	1	1
1	0	0	0
1	0	1	0
1	1	0	1
1	1	1	1

（3）根据真值表写出最小项表达式。逻辑函数最小项表达式为

$$Y = \overline{A}BC + AB\overline{C} + ABC$$

（4）化简与变换表达式。化简后的表达式为

$$Y = AB + BC$$

变换后的与非表达式为

$$Y = \overline{\overline{AB} \cdot \overline{BC}}$$

（5）根据表达式画出逻辑图。3 人多数表决器的逻辑电路如图 3 - 21 所示（其中 B 拥有否决权）。

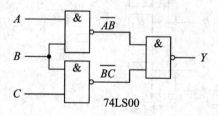

图 3 - 21　3 人多数表决器电路

四、实验内容

1. 3 人简单表决器逻辑功能测试

按图 3 - 20 所示电路连线，输入端 A、B、C 接逻辑电平选择开关，1 表示接高电平（+5 V），输出端 Y 接逻辑电平指示灯，集成电路芯片的 7 脚接地，14 脚接电源＋5 V。将逻辑电平选择开关按表 3 - 14 置位，分别将输出端 Y 的设计值、测量值填入表 3 - 14 中。

表 3 - 14　3 人简单多数表决器测试记录表

输　　入			输　　出		实验结论
A	B	C	Y（设计值）	Y（测量值）	
0	0	0			
0	0	1			
0	1	0			
0	1	1			
1	0	0			
1	0	1			
1	1	0			
1	1	1			

注：Y（设计值）用 1、0 表示，Y（测量值）用亮、灭表示。

2. 3 人多数表决器逻辑功能测试

按图 3 - 21 所示电路连线，输入端 A、B、C 接逻辑电平选择开关，输出端 Y 接逻辑电平指示灯。将逻辑电平选择开关按表 3 - 15 置位，分别将输出端 Y 设计值、测量值填入表 3 - 15 中。

表 3 - 15　3 人多数表决器功能测试记录表（B 拥有否决权）

输　　入			输　　出		实验结论
A	B	C	Y（设计值）	Y（测量值）	
0	0	0			
0	0	1			
0	1	0			
0	1	1			
1	0	0			
1	0	1			
1	1	0			
1	1	1			

注：Y（设计值）用 1、0 表示，Y（测量值）用亮、灭表示。

五、实验数据处理

（1）根据表 3 - 14 中的实验数据，验证 3 人简单表决器的逻辑功能。

（2）根据表 3 - 15 中的实验数据，验证 3 人多数表决器的逻辑功能。

实验五　集成编码器、译码器逻辑功能的测试

一、实验目的

（1）熟悉编码器的引脚排列，验证其逻辑功能。
（2）熟悉译码器的引脚排列，验证其逻辑功能。
（3）掌握编码器的逻辑功能及功能的测试方法。
（4）掌握译码器的逻辑功能及功能的测试方法。

二、实验仪器

本次实验所需的实验仪器包括数字电路实验箱、万用表、集成芯片 74LS148 和 74LS138 等。

三、实验原理

1. 集成编码器

74LS148 是 8 线-3 线优先编码器，将 8 条数据输入线（$\bar{I}_7 \sim \bar{I}_0$）进行 3 线（$\bar{Y}_2 \sim \bar{Y}_0$）二进制优先编码输出，即对优先级最高位数据线进行编码。

74LS148 的引脚排列与实物图如图 3-22 所示，16 脚接+5 V 电源，8 脚接地。

(a) 引脚排列

(b) 实物图

图 3-22　74LS148 的引脚排列与实物图

$\overline{ST}$ 为选通输入端，低电平有效。只有在 $\overline{ST}=0$ 时编码器才能正常工作。当 $\overline{ST}=1$ 时，无论输入端如何，所有输出端均被封锁在高电平。

$\bar{I}_7 \sim \bar{I}_0$ 为输入端，低电平有效，$\bar{I}_7$ 的优先级最高，$\bar{I}_0$ 的优先级最低。即只要 $\bar{I}_7=0$，输入端 $\bar{I}_6 \sim \bar{I}_0$ 为任何值都可以，但只对 $\bar{I}_7$ 进行编码，输出端 $\bar{Y}_2\bar{Y}_1\bar{Y}_0=000$。

除此之外，还有两个扩展输出端，用于片与片之间的连接，扩展编码器的功能。$\bar{Y}_{EX}$ 为扩展编码输出端，低电平有效。$\bar{Y}_S$ 为选通输出端，低电平有效，通常接至低位芯片的选通输入控制端。

$\overline{ST}=1$，$\bar{Y}_{EX}=1$，$\bar{Y}_S=1$，表示此芯片未工作；

$\overline{ST}=0$，$\overline{Y}_{EX}=1$，$\overline{Y}_S=0$，表示此芯片工作，输出端不是编码输出，无有效编码信号输入；

$\overline{ST}=0$，$\overline{Y}_{EX}=0$，$\overline{Y}_S=1$，表示此芯片工作，输出端是编码输出，且有有效编码信号输入。

74LS148 的逻辑功能如表 3－16 所示，输入端低电平(L)为有效电平，反码输出。

表 3－16　74LS148 的功能表

输　　入									输　　出				
$\overline{ST}$	$\overline{I}_0$	$\overline{I}_1$	$\overline{I}_2$	$\overline{I}_3$	$\overline{I}_4$	$\overline{I}_5$	$\overline{I}_6$	$\overline{I}_7$	$\overline{Y}_2$	$\overline{Y}_1$	$\overline{Y}_0$	$\overline{Y}_{EX}$	$\overline{Y}_S$
H	×	×	×	×	×	×	×	×	H	H	H	H	H
L	H	H	H	H	H	H	H	H	H	H	H	H	L
L	×	×	×	×	×	×	×	L	L	L	L	L	H
L	×	×	×	×	×	×	L	H	L	L	H	L	H
L	×	×	×	×	×	L	H	H	L	H	L	L	H
L	×	×	×	×	L	H	H	H	L	H	H	L	H
L	×	×	×	L	H	H	H	H	H	L	L	L	H
L	×	×	L	H	H	H	H	H	H	L	H	L	H
L	×	L	H	H	H	H	H	H	H	H	L	L	H
L	L	H	H	H	H	H	H	H	H	H	H	L	H

注：L 为低电平，H 为高电平，×为任意。

2. 集成译码器

集成译码器 74LS138 是一个 3 线-8 线优先译码器。74LS138 的引脚排列与实物图如图 3－23 所示。

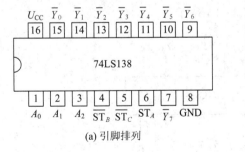

(a) 引脚排列　　　　　　　　　(b) 实物图

图 3－23　74LS138 的引脚排列与实物图

16 脚接＋5 V 电源，8 脚接地。A_2、A_1、A_0 是 3 个输入端，A_2 是高位端。$\overline{I}_7 \sim \overline{I}_0$ 是 8 个输出端，低电平为有效的输出电平。ST_A、$\overline{ST}_B$、$\overline{ST}_C$ 是 3 个控制输入端。

当 $ST_A=1$，$\overline{ST}_B=\overline{ST}_C=0$ 时，译码器正常工作，否则译码器不能正常工作，所以输出端都输出高电平。

在译码器正常工作时，输出逻辑函数表达式为输入最小项的非，即

$$\overline{Y}_0 = \overline{\overline{A}_2\overline{A}_1\overline{A}_0} = \overline{m}_0 \, , \quad \overline{Y}_1 = \overline{\overline{A}_2\overline{A}_1 A_0} = \overline{m}_1 \, , \quad \overline{Y}_2 = \overline{\overline{A}_2 A_1 \overline{A}_0} = \overline{m}_2 \, , \quad \overline{Y}_3 = \overline{\overline{A}_2 A_1 A_0} = \overline{m}_3$$

$$\overline{Y}_4 = \overline{A_2\overline{A}_1\overline{A}_0} = \overline{m}_4 \, , \quad \overline{Y}_5 = \overline{A_2\overline{A}_1 A_0} = \overline{m}_5 \, , \quad \overline{Y}_6 = \overline{A_2 A_1 \overline{A}_0} = \overline{m}_6 \, , \quad \overline{Y}_7 = \overline{A_2 A_1 A_0} = \overline{m}_7$$

74LS138 的逻辑功能如表 3 - 17 所示，输出端低电平(L)为有效电平。

表 3 - 17　74LS138 的功能表

输入						输出							
$\overline{ST}_C$	$\overline{ST}_B$	ST_A	A_0	A_1	A_2	$\overline{Y}_0$	$\overline{Y}_1$	$\overline{Y}_2$	$\overline{Y}_3$	$\overline{Y}_4$	$\overline{Y}_5$	$\overline{Y}_6$	$\overline{Y}_7$
H	×	×	×	×	×	H	H	H	H	H	H	H	H
×	H	×	×	×	×	H	H	H	H	H	H	H	H
×	×	L	×	×	×	H	H	H	H	H	H	H	H
L	L	H	L	L	L	L	H	H	H	H	H	H	H
L	L	H	H	L	L	H	L	H	H	H	H	H	H
L	L	H	L	H	L	H	H	L	H	H	H	H	H
L	L	H	H	H	L	H	H	H	L	H	H	H	H
L	L	H	L	L	H	H	H	H	H	L	H	H	H
L	L	H	H	L	H	H	H	H	H	H	L	H	H
L	L	H	L	H	H	H	H	H	H	H	H	L	H
L	L	H	H	H	H	H	H	H	H	H	H	H	L

注：L 为低电平，H 为高电平，× 为任意。

四、实验内容

1. 编码器 74LS148 逻辑功能测试

74LS148 的逻辑功能测试电路如图 3 - 24 所示。

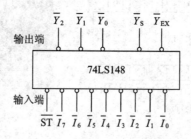

图 3 - 24　74LS148 的逻辑功能测试电路

　　按图 3 - 24 所示电路连线，输入端接逻辑电平选择开关，输出端 Y 接逻辑电平指示灯。将逻辑电平选择开关按表 3 - 18 置位，分别测出输出端的逻辑状态，将测出的数据填入表 3 - 18 中。

表 3 - 18 74LS148 的逻辑功能测试记录表

输 入									输 出				
$\overline{ST}$	$\overline{I}_7$	$\overline{I}_6$	$\overline{I}_5$	$\overline{I}_4$	$\overline{I}_3$	$\overline{I}_2$	$\overline{I}_1$	$\overline{I}_0$	$\overline{Y}_2$	$\overline{Y}_1$	$\overline{Y}_0$	$\overline{Y}_{EX}$	$\overline{Y}_S$
1	×	×	×	×	×	×	×	×					
0	1	1	1	1	1	1	1	1					
0	0	×	×	×	×	×	×	×					
0	1	0	×	×	×	×	×	×					
0	1	1	0	×	×	×	×	×					
0	1	1	1	0	×	×	×	×					
0	1	1	1	1	0	×	×	×					
0	1	1	1	1	1	0	×	×					
0	1	1	1	1	1	1	0	×					
0	1	1	1	1	1	1	1	0					

2. 译码器 74LS138 逻辑功能测试及应用

1) 74LS138 逻辑功能测试

74LS138 的逻辑功能测试电路如图 3 - 25 所示。

按图 3 - 25 所示电路连线,输入端接逻辑电平选择开关,输出端接逻辑电平指示灯。将逻辑电平选择开关按表 3 - 19 置位,分别测出输出端的逻辑状态,将测出的数据填入表 3 - 19 中。

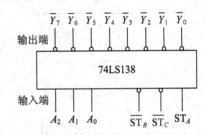

图 3 - 25 74LS138 的逻辑功能测试电路

表 3 - 19 74LS138 的逻辑功能测试记录表

输 入					输 出							
ST_A	$\overline{ST}_B + \overline{ST}_C$	A_2	A_1	A_0	$\overline{Y}_0$	$\overline{Y}_1$	$\overline{Y}_2$	$\overline{Y}_3$	$\overline{Y}_4$	$\overline{Y}_5$	$\overline{Y}_6$	$\overline{Y}_7$
×	1	×	×	×								
0	×	×	×	×								
1	0	0	0	0								
1	0	0	0	1								
1	0	0	1	0								
1	0	0	1	1								
1	0	1	0	0								
1	0	1	0	1								
1	0	1	1	0								
1	0	1	1	1								

2) 74LS138 的应用

74LS138 的应用电路如图 3 - 26 所示。

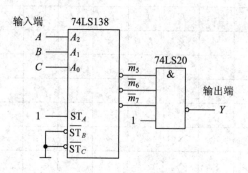

图 3 - 26　74LS138 的应用电路

按图 3 - 26 所示电路连线,输入端 A、B、C 接逻辑电平选择开关,1 表示接逻辑高电平($+5$ V),输出端 Y 接逻辑电平指示灯。将逻辑电平选择开关按表 3 - 20 置位,将测出的数据填入表 3 - 20 中。

表 3 - 20　74LS138 应用电路的逻辑功能测试记录表

输　入			输　出	实验结论(Y 与 A、B、C 的关系)
A	B	C	Y	
0	0	0		
0	0	1		
0	1	0		
0	1	1		
1	0	0		
1	0	1		
1	1	0		
1	1	1		

五、实验数据处理

(1) 根据表 3 - 18 中的实验数据,验证编码器的逻辑功能。

(2) 根据表 3 - 19 中的实验数据,验证译码器的逻辑功能。

实验六　数据选择器逻辑功能的测试

一、实验目的

(1) 熟悉数据选择器 74LS151 的引脚排列,验证其逻辑功能。

（2）掌握 74LS151 的逻辑功能测试方法。

二、实验仪器

本次实验所需的实验仪器包括数字电路实验箱、万用表、集成芯片 74LS151 等。

三、实验原理

74LS151 为互补输出的 8 选 1 数据选择器，其引脚排列与实物图如图 3-27 所示。

(a) 引脚排列　　　　　　　　　　　　　　(b) 实物图

图 3-27　74LS151 的引脚排列与实物图

图 3-27(a) 中：A_2、A_1、A_0 是 3 个地址输入端（其中 A_2 是最高位）；$D_7 \sim D_0$ 是 8 个数据输入端；Y 是同相输出端；$\overline{Y}$ 是反相输出端；$\overline{S}$ 是选通控制端，低电平有效，即 $\overline{S}=0$ 时该芯片工作。

74LS151 的逻辑功能如表 3-21 所示。

表 3-21　74LS151 的功能表

| 输　　入 | | | | 输　　出 | |
| 数　据　选　择 | | | 选　通 | | |
A_2	A_1	A_0	$\overline{S}$	Y	$\overline{Y}$
×	×	×	H	L	H
L	L	L	L	D_0	$\overline{D}_0$
L	L	H	L	D_1	$\overline{D}_1$
L	H	L	L	D_2	$\overline{D}_2$
L	H	H	L	D_3	$\overline{D}_3$
H	L	L	L	D_4	$\overline{D}_4$
H	L	H	L	D_5	$\overline{D}_5$
H	H	L	L	D_6	$\overline{D}_6$
H	H	H	L	D_7	$\overline{D}_7$

注：L 为低电平，H 为高电平，× 为任意。

四、实验内容

1. 数据选择器 74LS151 逻辑功能测试

按图 3-27(a)所示引脚排列连线，输入端 $D_7 \sim D_0$、A_2、A_1、A_0、$\overline{S}$ 接逻辑电平选择开关（$D_7 \sim D_0$ 为数据端，A_2、A_1、A_0 为地址选择端，$\overline{S}$ 为使能端），输出端 Y 接逻辑电平指示灯。将逻辑电平选择开关按表 3-22 置位，分别测试数据选择器输出端 Y 的逻辑状态，将测出的数据填入表 3-22 中。

表 3-22　74LS151 逻辑功能测试记录表

输　入												输　出		实验结论(亮、灭，表达式)
D_7	D_6	D_5	D_4	D_3	D_2	D_1	D_0	A_2	A_1	A_0	$\overline{S}$	Y	$\overline{Y}$	
×	×	×	×	×	×	×	×	×	×	×	1			
0	0	0	0	0	0	0	1	0	0	0	0			
0	0	0	0	0	0	1	0	0	0	1	0			
0	0	0	0	0	1	0	0	0	1	0	0			
0	0	0	0	1	0	0	0	0	1	1	0			
0	0	0	1	0	0	0	0	1	0	0	0			
0	0	1	0	0	0	0	0	1	0	1	0			
0	1	0	0	0	0	0	0	1	1	0	0			
1	0	0	0	0	0	0	0	1	1	1	0			

注：逻辑函数关系表达式为

$$Y = D_0(\overline{A}_2\overline{A}_1\overline{A}_0) + D_1(\overline{A}_2\overline{A}_1 A_0) + D_2(\overline{A}_2 A_1 \overline{A}_0) + D_3(\overline{A}_2 A_1 A_0) +$$
$$D_4(A_2\overline{A}_1\overline{A}_0) + D_5(A_2\overline{A}_1 A_0) + D_6(A_2 A_1 \overline{A}_0) + D_7(A_2 A_1 A_0)$$

2. 数据选择器 74LS151 的应用

用数据选择器 74LS151 组成的电路如图 3-28 所示。通过实验确定输出端 Y 与输入端变量 A、B、C 的函数关系。

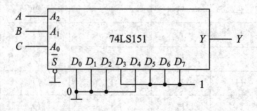

图 3-28　74LS151 的应用电路

　　按图 3-28 所示电路连线，数据端 D_0、D_1、D_2、D_4 接低电平，D_3、D_5、D_6、D_7 接高电平，使能端 $\overline{S}$ 接低电平，地址选择端 $A(A_2)$、$B(A_1)$、$C(A_0)$ 接逻辑电平选择开关，1 表示接逻辑高电平（+5 V），输出端 Y 接逻辑电平指示灯。将 $A(A_2)$、$B(A_1)$、$C(A_0)$ 逻辑电平开关按表 3-23 置位，分别测试数据选择器输出端 Y 的逻辑状态，将测出的数据填入表 3-23 中。

表 3-23　数据选择器 74LS151 应用电路测试记录表

输　　入												输出	实验结论（亮、灭，表达式）
D_7	D_6	D_5	D_4	D_3	D_2	D_1	D_0	A	B	C	$\overline{S}$	Y	
1	1	1	0	1	0	0	0	0	0	0	0		
1	1	1	0	1	0	0	0	0	0	1	0		
1	1	1	0	1	0	0	0	0	1	0	0		
1	1	1	0	1	0	0	0	0	1	1	0		
1	1	1	0	1	0	0	1	0	0	0		
1	1	1	0	1	0	0	1	0	1	0		
1	1	1	0	1	0	0	1	1	0	0		
1	1	1	0	1	0	0	1	1	1	0		

注：确定输出与输入的逻辑函数关系表达式。

五、实验数据处理

　　根据表 3-22 中的实验数据，验证数据选择器的逻辑功能。

项目七

集成触发器及应用

实验七　触发器的测试

一、实验目的

（1）熟悉触发器的组成。

（2）验证触发器的逻辑功能。

（3）掌握触发器的逻辑功能。

二、实验仪器

本次实验所需的实验仪器包括数字电路实验箱、万用表、集成双 D 触发器 74LS74 和双 JK 触发器 74LS112 等。

三、实验原理

1. 集成双 D 触发器 74LS74

74LS74 内含两个独立的上升沿触发 D 触发器。74LS74 的引脚排列与实物图如图 3 - 29 所示。

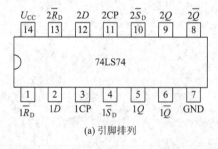

(a) 引脚排列　　　　　　　　　　(b) 实物图

图 3 - 29　74LS74 的引脚排列与实物图

每个触发器有数据输入端（D）、置位输入端（$\overline{S}_D$）、复位输入端（$\overline{R}_D$）、时钟输入端（CP）和数据输出端（Q、$\overline{Q}$）。

$\overline{S}_D$、$\overline{R}_D$ 的低电平使输出预置或清除，而与其他输入端的电平无关。当 $\overline{S}_D$、$\overline{R}_D$ 均无效（高电平）时，符合建立时间要求的 D 数据在 CP 上升沿作用下传送到输出端。74LS74 的逻辑功能如表 3 - 24 所示。

表 3 - 24 74LS74 的功能表

输 入				输 出		功 能 说 明
$\overline{S}_D$	$\overline{R}_D$	CP	D	Q^{n+1}	$\overline{Q}^{n+1}$	
L	H	×	×	H	L	置 1
H	L	×	×	L	H	置 0
L	L	×	×	H*	H*	状态不定
H	H	↑	H	H	L	$Q^{n+1}=D$
H	H	↑	L	L	H	
H	H	H	×	Q^n	$\overline{Q}^n$	保 持
H	H	L	×	Q^n	$\overline{Q}^n$	

注：L 为低电平，H 为高电平，× 为任意；Q^n 表示触发器初态，Q^{n+1} 表示次态；H* 表示状态不定，即表示输入端的 $\overline{S}_D$、$\overline{R}_D$ 不能同时为低电平。输出状态方程为 $Q^{n+1}=D$。

2. 双 JK 触发器 74LS112

74LS112 为双 JK 下降沿触发器（有预置端 $\overline{S}_D$、清除端 $\overline{R}_D$），其引脚排列与实物图如图 3 - 30 所示。

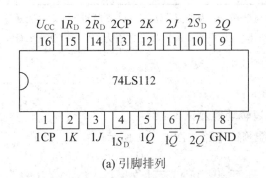

(a) 引脚排列

(b) 实物图

图 3 - 30 74LS112 的引脚排列与实物图

$\overline{S}_D$、$\overline{R}_D$ 的低电平使输出预置或清除，而与其他输入端的电平无关。当 $\overline{S}_D$、$\overline{R}_D$ 均无效（高电平）时，在 CP 下降沿作用下，输出端 Q 随输入端 J、K 的变化而改变。

74LS112 的逻辑功能如表 3-25 所示。

表 3-25　74LS112 的功能表

输　　入					输　　出		功　能　说　明
$\overline{S}_D$	$\overline{R}_D$	CP	J	K	Q^{n+1}	$\overline{Q}^{n+1}$	
L	H	×	×	×	H	L	置 1
H	L	×	×	×	L	H	置 0
L	L	×	×	×	H*	H*	状态不定
H	H	↓	L	L	Q^n	$\overline{Q}^n$	保　持
H	H	↓	L	H	L	H	置 0
H	H	↓	H	L	H	L	置 1
H	H	↓	H	H	$\overline{Q}^n$	Q^n	翻　转
H	H	H	×	×	Q^n	$\overline{Q}^n$	保　持
H	H	L	×	×	Q^n	$\overline{Q}^n$	

注：L 为低电平，H 为高电平，× 为任意；Q^n 表示触发器初态，Q^{n+1} 表示次态；H* 表示状态不定，即表示输入端的 $\overline{S}_D$、$\overline{R}_D$ 不能同时为低电平。输出状态方程为 $Q^{n+1}=J\overline{Q}^n+\overline{K}Q^n$。

四、实验内容

1. 基本 RS 触发器逻辑功能测试

基本 RS 触发器功能测试电路如图 3-31 所示。

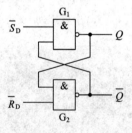

图 3-31　基本 RS 触发器

按图 3-31 所示电路连线，输入端 $\overline{S}_D$、$\overline{R}_D$ 接逻辑电平选择开关，输出端 Q、$\overline{Q}$ 接逻辑电平指示灯，芯片的 7 脚接地，14 脚接电源 +5 V（特别注意芯片缺口位置及引脚排列）。将逻辑电平选择开关按表 3-26 置位，分别测试输出端的逻辑状态，将测出的数据填入表 3-26 中。

表 3 - 26　基本 RS 触发器逻辑功能测试记录表

输　入		初　态	输　出		功　能　说　明
$\bar{R}_D$	$\bar{S}_D$	Q^n	Q^{n+1}	$\bar{Q}^{n+1}$	
0	1	0			
0	1	1			
1	0	0			
1	0	1			
1	1	0			
1	1	1			
0	0	0			
0	0	1			

注：先置 Q^n 的值，再置 $\bar{S}_D$、$\bar{R}_D$ 的值；正常工作时，约束条件为 $\bar{S}_D + \bar{R}_D = 1$。

2. D 触发器 74LS74 逻辑功能测试

D 触发器 74LS74 功能测试电路如图 3 - 32 所示。

按图 3 - 32 所示电路连线，输入端 D、$\bar{S}_D$、$\bar{R}_D$ 接逻辑电平选择开关，CP 接实验箱单脉冲源，输出端 Q、$\bar{Q}$ 接逻辑电平指示灯，触发器的 7 脚接地，14 脚接 +5 V 电源（特别注意芯片插座方向、集成电路芯片缺口位置及引脚排列）。将逻辑电平选择开关按表 3 - 27 置位，分别测试输出端的逻辑状态，将测出的数据填入表 3 - 27 中。

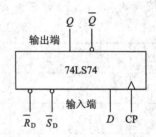

图 3 - 32　74LS74 功能测试电路

表 3 - 27　74LS74 逻辑功能测试记录表

时钟	输　入				输　出		功　能　说　明
CP	$\bar{R}_D$	$\bar{S}_D$	D	Q^n	Q^{n+1}	$\bar{Q}^{n+1}$	
×	0	1	×	×			
×	1	0	×	×			
×	0	0	×	×			
↑	1	1	0	0			
↑	1	1	0	1			
↑	1	1	1	0			
↑	1	1	1	1			

注：观察 CP 上升沿有效；输出状态方程为 $Q^{n+1} = D$。

3. JK 触发器 74LS112 逻辑功能测试

JK 触发器 74LS112 功能测试电路如图 3 - 33 所示。

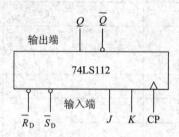

图 3 - 33　74LS112 功能测试电路

按图 3 - 33 所示电路连线，输入端 J、K、$\bar{S}_D$、$\bar{R}_D$ 接逻辑电平选择开关，CP 接实验箱单脉冲源，输出端 Q、$\bar{Q}$ 接逻辑电平指示灯（发光二极管），触发器的 8 脚接地，16 脚接电源 +5 V（特别注意芯片插座方向、集成电路芯片缺口位置及引脚排列）。将逻辑电平选择开关按表 3 - 28 置位，分别测试输出端的逻辑状态，将测出的数据填入表 3 - 28 中。

表 3 - 28　74LS112 逻辑功能测试记录表

时钟	输　入					输　出		功 能 说 明
CP	$\bar{R}_D$	$\bar{S}_D$	J	K	Q^n	Q^{n+1}	$\bar{Q}^{n+1}$	
×	0	1	×	×	×			
×	1	0	×	×	×			
×	0	0	×	×	×			
↓	1	1	0	0	0			
↓	1	1	0	0	1			
↓	1	1	0	1	0			
↓	1	1	0	1	1			
↓	1	1	1	0	0			
↓	1	1	1	0	1			
↓	1	1	1	1	0			
↓	1	1	1	1	1			

注：观察 CP 下降沿有效；输出状态方程为 $Q^{n+1} = J\bar{Q}^n + \bar{K}Q^n$。

五、实验数据处理

（1）根据表 3 - 26 中的实验数据，验证基本 RS 触发器的逻辑功能。

（2）根据表 3-27 中的实验数据，验证 D 触发器的逻辑功能。

（3）根据表 3-28 中的实验数据，验证 JK 触发器的逻辑功能。

实验八　触发器的转换

一、实验目的

（1）熟悉 D 触发器、JK 触发器的逻辑功能。

（2）掌握 T' 触发器的逻辑功能。

（3）掌握触发器功能转换方法。

二、实验仪器

本次实验所需的实验仪器包括数字电路实验箱、万用表等。

三、实验内容

1. D 触发器转换为 T' 触发器

触发器功能转换电路如图 3-34 所示，其输出状态方程为 $Q^{n+1} = D = \overline{Q^n}$。

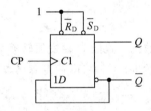

图 3-34　触发器功能转换电路

按图 3-34 所示电路连线，CP 接数字电路实验箱单脉冲源，Q、$\overline{Q}$ 接逻辑电平指示灯，触发器的 7 脚接地，14 脚接 +5 V 电源（特别注意芯片插座方向、集成电路芯片缺口位置及引脚排列）。将测出的数据填入表 3-29 中（1 表示接高电平（+5 V））。

表 3-29　T' 触发器状态测试记录表

时钟	输　入		输　出		功　能　说　明
CP	D	Q^n	Q^{n+1}	$\overline{Q}^{n+1}$	
↑	1	0			
↑	0	1			

2. JK 触发器转换为 T' 触发器

T' 触发器电路如图 3-35 所示，其输出状态方程为 $Q^{n+1} = J\overline{Q}^n + \overline{K}Q^n$。

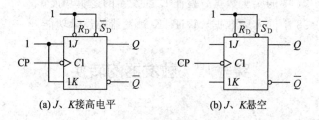

(a) J、K接高电平　　　(b) J、K悬空

图 3-35　T'触发器电路

分别按图 3-35(a)、(b)所示电路连线，CP 接数字电路实验箱单脉冲源，Q、$\overline{Q}$ 接逻辑电平指示灯，触发器芯片的 8 脚接地，16 脚接电源+5 V(特别注意芯片缺口位置及引脚排列)。将测出的数据填入表 3-30 中(1(或引脚悬空)表示接高电平(+5 V))。

表 3-30　T'逻辑功能测试记录表

时钟	输　　　入					输　　出		功　能　说　明
CP	$\overline{R}_D$	$\overline{S}_D$	J	K	Q^n	Q^{n+1}	$\overline{Q}^{n+1}$	
↓	1	1	1	1	0			
↓	1	1	1	1	1			

注：观察 J、K 输入端悬空与接高电平的区别。

四、实验数据处理

(1) 根据表 3-30 中的实验数据，验证 D 触发器转换为 T' 触发器的逻辑功能。
(2) 根据表 3-31 中的实验数据，验证 JK 触发器转换为 T' 触发器的逻辑功能。

实验九　4 分频电路的设计

一、实验目的

(1) 熟悉 T' 触发器的逻辑功能。
(2) 熟悉集成 JK 触发器的应用。
(3) 了解电路状态($Q_1 Q_0$)的变化规律。
(4) 掌握电路状态 Q_1、Q_0 与 CP 的关系。

二、实验仪器

本次实验所需的实验仪器包括数字电路实验箱、双 D 触发器 74LS74、双 JK 触发器 74LS112、万用表等。

三、实验原理

利用一片双 JK 触发器 74LS112(或一片双 D 触发器 74LS74)可构成 4 分频电路,电路如图 3 - 36 所示(实际把 JK 触发器转换成了 T' 触发器)。

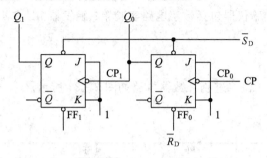

图 3 - 36　4 分频电路

四、实验内容

按图 3 - 36 所示电路连线,CP 接实验箱单脉冲源,$\overline{S}_D$、$\overline{R}_D$ 接高电平,输入端 J、K 为 1 表示接高电平,输出端 Q 接逻辑电平指示灯,JK 触发器的 8 脚接地,16 脚接电源 + 5 V(特别注意芯片插座方向、集成电路芯片缺口位置及引脚排列)。将测出的数据填入表 3 - 31 中。

表 3 - 31　分频器电路状态测试记录表

脉冲序列	复位	置位	初　态		次　态		实　验　结　论
CP	$\overline{R}_D$	$\overline{S}_D$	Q_1^n	Q_0^n	Q_1^{n+1}	Q_0^{n+1}	
0	1	1	0	0			
1	1	1	0	1			
2	1	1	1	0			
3	1	1	1	1			

五、实验数据处理

(1) 观察时钟脉冲 CP 下降沿有效。

(2) 首先画出 CP 脉冲波形,再根据表 3 - 31 中的实验数据画出输出端 Q_1、Q_0 的波形,分析 Q_1、Q_0 与 CP 的关系。

实验十　由 74LS74 构成 4 位二进制计数器电路

一、实验目的

(1) 熟悉 D 触发器的功能及应用。

（2）学习用 D 触发器构成计数器及计数器功能测试的方法。

（3）掌握计数器的逻辑功能。

二、实验仪器

本次实验所需的实验仪器包括数字电路实验箱、触发器 74LS74、万用表等。

三、实验内容

由 74LS74 构成的 4 位二进制计数器电路如图 3-37 所示。

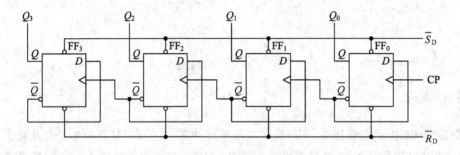

图 3-37　4 位二进制计数器电路

按图 3-37 所示电路连线，置位端 $\overline{S}_D$ 接逻辑电平选择开关，并置高电平，复位端 $\overline{R}_D$ 接逻辑电平选择开关，并置低电平，使计数器输出状态复位（$Q_3Q_2Q_1Q_0=0000$），而后把 $\overline{R}_D$ 的逻辑电平选择开关置高电平（无效状态），使计数器从 0 开始计数。

计数脉冲 CP 接实验箱单脉冲源，输出端 Q 接逻辑电平指示灯（或接七段数码管显示），芯片 74LS74 的 7 脚接地，14 脚接电源 +5 V。将测出的输出端的逻辑状态填入表 3-32 中。

表 3-32　计数器功能测试记录表

CP 个数	Q_3	Q_2	Q_1	Q_0	十六进制数显示	CP 个数	Q_3	Q_2	Q_1	Q_0	十六进制数显示
0	0	0	0	0		9					
1						10					
2						11					
3						12					
4						13					
5						14					
6						15					
7						16					
8						17					

四、实验数据处理

（1）观察时钟脉冲 CP 上升沿有效。

（2）画出 CP 脉冲波形，再根据表 3-32 中的实验数据画出输出端 $Q_3 \sim Q_0$ 的波形，分析 $Q_3 \sim Q_0$ 与 CP 的关系。

实验十一　由 74LS112 构成 4 位二进制计数器电路

一、实验目的

（1）学习用 JK 触发器构成计数器及计数器功能测试的方法。

（2）掌握计数器的逻辑功能。

二、实验仪器

本次实验所需的实验仪器包括数字电路实验箱、触发器 74LS112、万用表等。

三、实验内容

由 74LS112 构成的 4 位二进制计数器电路如图 3-38 所示。

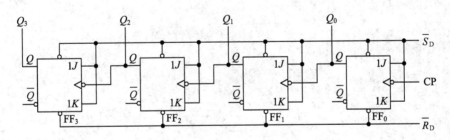

图 3-38　4 位二进制计数器电路

按图 3-38 所示电路连线，置位端 $\overline{S}_D$ 接逻辑电平选择开关，并置高电平，当 $J=K=1$ 时，JK 触发器具有翻转功能，复位端 $\overline{R}_D$ 接逻辑电平选择开关，并置低电平，使计数器输出状态复位（$Q_3 Q_2 Q_1 Q_0 = 0000$），而后把 $\overline{R}_D$ 的逻辑电平选择开关置高电平，使计数器从 0 开始计数。

计数脉冲 CP 接实验箱单脉冲源，输出端 Q 接逻辑电平指示灯（或接七段数码管显示），触发器芯片 74LS112 的 8 脚接地，16 脚接电源 +5 V。将测出的输出端的逻辑状态填入表 3-33 中。

表 3 – 33　计数器功能测试记录表

CP 个数	Q_3	Q_2	Q_1	Q_0	十六进制数显示	CP 个数	Q_3	Q_2	Q_1	Q_0	十六进制数显示
0	0	0	0	0		9					
1						10					
2						11					
3						12					
4						13					
5						14					
6						15					
7						16					
8						17					

四、实验数据处理

（1）观察时钟脉冲 CP 下降沿有效。

（2）首先画出 CP 脉冲波形，再根据表 3 – 33 中的实验数据画出输出端 $Q_3 \sim Q_0$ 的波形，分析 $Q_3 \sim Q_0$ 与 CP 的关系。

项目八

集成计数器及应用

实验十二　74LS160 逻辑功能的测试

一、实验目的

(1) 验证 74LS160 的逻辑功能。

(2) 掌握 74LS160 的逻辑功能。

(3) 掌握集成计数器功能测试的方法。

二、实验仪器

本次实验所需的实验仪器包括数字电路实验箱、计数器 74LS160、万用表等。

三、实验原理

同步十进制加法计数器 74LS160 的引脚排列与实物图如图 3-39 所示，功能表如表 3-34 所示。

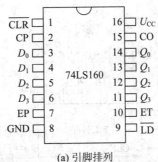

(a) 引脚排列

(b) 实物图

图-39　74LS160 芯片引脚排列与实物图

表 3-34 中，EP、ET 为计数控制端，高电平有效，即 EP＝ET＝H 时计数器正常计数，否则不计数；CP 为计数脉冲输入端，上升沿计数；$\overline{CLR}$ 为清零端，低电平有效，直接清零（即清零端不受 CP 控制）；$\overline{LD}$ 为置数控制端，低电平有效，即 $\overline{LD}$＝0 时 $Q_3 Q_2 Q_1 Q_0 = d_3 d_2 d_1 d_0$，使计数器可以从任意数值开始计数。图 3-39 中的 CO 为计数器的进位输出端，用于向高位计数器输出进位脉冲。

表 3-34　74LS160 的功能表

输　　入									输　　出				工 作 状 态
清零	预置	状态控制		时钟	并行数据								
$\overline{CLR}$	$\overline{LD}$	EP	ET	CP	D_3	D_2	D_1	D_0	Q_3	Q_2	Q_1	Q_0	
L	×	×	×	×	×	×	×	×	L	L	L	L	清零
H	0	×	×	↑	d_3	d_2	d_1	d_0	d_3	d_2	d_1	d_0	置数
H	H	H	H	↑	×	×	×	×	Q_{3n}	Q_{2n}	Q_{1n}	Q_{0n}	计数
H	H	L	H	×	×	×	×	×	Q_3	Q_2	Q_1	Q_0	保持
H	H	H	L	×	×	×	×	×	Q_3	Q_2	Q_1	Q_0	保持

注：L 为低电平，H 为高电平，× 为任意，↑ 为低到高电平跳变，$d_3 \sim d_0$ 为 $D_3 \sim D_0$ 端稳态输入电平，$Q_{3n} \sim Q_{0n}$ 为 $Q_3 \sim Q_0$ 端的计数状态。

四、实验内容

计数器 74LS160 的功能测试电路如图 3-40 所示。

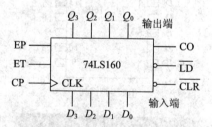

图 3-40　74LS160 的功能测试电路

按图 3-40 所示电路连线，输入端 D_0、D_1、D_2、D_3、ET、EP、$\overline{LD}$、$\overline{CLR}$ 接逻辑电平选择开关并按表 3-35 置位，计数脉冲 CP 接实验箱单脉冲源，输出端 Q_0、Q_1、Q_2、Q_3、CO 接逻辑电平指示灯。计数器 74LS160 的 8 脚接地，16 脚接电源＋5 V。将测出的输出端的逻辑状态填入表 3-35 中。

表 3 - 35　同步十进制加法计数器 74LS160 功能测试记录表

输　　入									输　　出				工 作 状 态
清零	预置	状态控制		时钟	并行数据								
$\overline{\text{CLR}}$	$\overline{\text{LD}}$	EP	ET	CP	D_3	D_2	D_1	D_0	Q_3	Q_2	Q_1	Q_0	
0	0	1	1	↑	1	1	1	1					
1	0	1	1	↑	1	1	1	1					
1	0	1	1	↑	0	0	0	0					
1	1	1	1	↑	0	0	0	0					
1	1	1	1	↑	0	0	0	0					
1	1	1	1	↑	0	0	0	0					
1	1	1	1	↑	0	0	0	0					
1	1	1	1	↑	0	0	0	0					
1	1	1	1	↑	1	1	1	1					
1	1	1	1	↑	1	1	1	1					
1	1	1	1	↑	1	1	1	1					
1	1	1	1	↑	1	1	1	1					
1	1	1	1	↑	1	1	1	1					
1	1	0	1	↑	1	1	1	1					
1	1	1	0	↑	1	1	1	1					

五、实验数据处理

（1）观察时钟脉冲 CP 上升沿有效。

（2）首先画出 CP 脉冲波形，再根据表 3 - 35 中的实验数据画出输出端 $Q_3 \sim Q_0$ 的波形，分析 $Q_3 \sim Q_0$ 与 CP 的关系。

实验十三　74LS160 应用电路分析与功能测试

一、实验目的

（1）熟悉 74LS160 的逻辑功能。

（2）掌握用 74LS160 构成任意进制计数器的方法。

（3）掌握计数器电路功能测试方法。

二、实验仪器

本次实验所需的实验仪器包括数字电路实验箱、计数器 74LS160、万用表等。

三、实验内容

1. 六进制计数器

由 74LS160 和 74LS00 采用同步置数法可构成六进制计数器,其电路如图 3-41 所示。

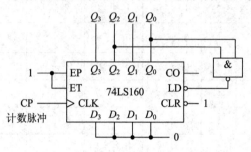

图 3-41　六进制计数器电路

按图 3-41 所示电路连线,输入端接逻辑电平选择开关(1 表示接逻辑高电平(+5 V),0 表示接逻辑低电平),计数脉冲 CP 接实验箱单脉冲源,输出端 Q 接逻辑电平指示灯。芯片 74LS160 的 8 脚接地,16 脚接电源+5 V;74LS00 的 7 脚接地,14 脚接电源+5 V。

首先用清零端 CLR(令 CLR=0)将计数器输出端 Q 清零($Q_3 Q_2 Q_1 Q_0 = 0000$),从 0 开始计数,再将 CLR 选择开关拨到高电平,使其处于无效状态。将测出的输出端的逻辑状态填入表 3-36 中。

表 3-36　六进制计数器电路功能测试记录表

输　入	输　　出			
CP 个数	Q_3	Q_2	Q_1	Q_0
0	0	0	0	0
1				
2				
3				
4				
5				
6				
7				

2. 六十进制计数器

由 2 片 74LS160 和 74LS00 可构成六十进制计数器,其电路如图 3-42 所示。

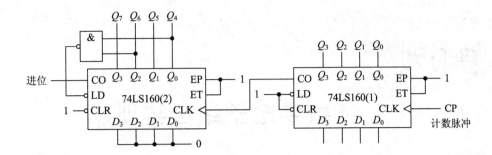

图 3-42　六十进制计数器电路

按图 3-42 所示电路连线，输入端接逻辑电平选择开关(1 表示接逻辑高电平(+5 V)，0 表示接逻辑低电平)，计数脉冲 CP 接实验箱单脉冲源，输出端 Q 接逻辑电平指示灯(发光二极管或七段数码管)。芯片 74LS160 的 8 脚接地，16 脚接电源 +5 V；74LS00 的 7 脚接地，14 脚接电源 +5 V。

首先用清零端 CLR(令 CLR=0)将计数器输出端 Q 清零($Q_7Q_6Q_5Q_4Q_3Q_2Q_1Q_0=$ 00000000)，从 0 开始计数，再将 CLR 选择开关拨到高电平，使其处于无效状态。将测出的输出端的逻辑状态填入表 3-37 中。

表 3-37　六十进制计数器电路功能测试记录表

输入	输　　出								输入	输　　出							
CP 个数	Q_7	Q_6	Q_5	Q_4	Q_3	Q_2	Q_1	Q_0	CP 个数	Q_7	Q_6	Q_5	Q_4	Q_3	Q_2	Q_1	Q_0
0	0	0	0	0	0	0	0	0	30								
1									31								
2									32								
⋮									⋮								
28									58								
29									59								

注：观察 CP 上升沿有效。

四、实验数据处理

(1) 根据表 3-36 中的实验数据，验证六进制计数器电路的逻辑功能。

(2) 根据表 3-37 中的实验数据，验证六十进制计数器电路的逻辑功能。

项目九

数字电子综合实训

实训一　智力抢答器的设计与制作

一、实训目的

(1) 学习数字电路中组合电路、集成芯片的使用方法。

(2) 掌握 555 定时器构成的多谐振荡器、CP 时钟源等单元电路的综合运用。

(3) 了解智力抢答器的组成及工作原理。

(4) 掌握逻辑电路读图、安装、焊接、调试及故障排除的方法。

(5) 掌握元器件的识别及质量检验方法。

(6) 学习整机的装配工艺,了解一般电子产品的生产调试过程。

二、实训仪器

本次实训所需的实训仪器包括数字电路实验箱、万能板、万用表、逻辑笔、焊接工具、发光二极管、电阻、电容、开关和集成芯片 74LS00、74LS20、74LS175、NE555 等。

三、实训原理

1. 抢答器功能框图及其说明

抢答之前,主持人将开关置于"清零"位置,抢答器处于禁止工作状态,显示灯(LED)熄灭。

当主持人宣布抢答开始时,同时将开关拨到"开始"位置,当按下任意一个按键时,对应的 LED 灯被点亮,以后再去按其他的按键,指示灯的状态不改变,直到按下"清零"按键。

智力抢答器功能框图如图 3-43 所示。

主控单元电路:由四 2 输入与非门 74LS00、双 4 输入与非门 74LS20、集成 4D 触发器 74LS175 等元件组成,具有分辨和锁存优先抢答者功能。

时钟单元电路:由 555 定时器、电阻、电容等元件组成,为抢答器提供时钟信号。

数据输入电路:由按键(抢答按键、主持人控制开关)、电阻等元件组成,用于输入优先抢答者数据。

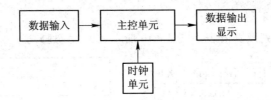

图 3 - 43　智力抢答器功能框图

数据输出显示电路：由发光二极管(LED)、扬声器和电阻等元件组成，用于显示优先抢答者。

2. 四人智力抢答器电路原理图

四人智力抢答器电路原理图如图 3 - 44 所示。

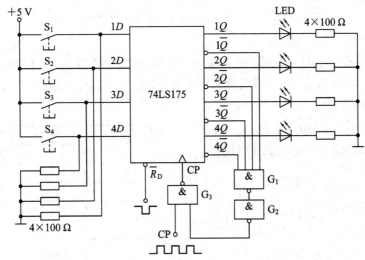

图 3 - 44　四人智力抢答器电路原理图

触发器的 CP 信号由输出信号和 555 定时器组成的时钟电路信号共同决定。74LS175 的时钟 CP 上升沿有效。与门的逻辑功能：输入有 0，输出为 0。与非门的逻辑功能：输入有 0，输出为 1；输入全 1，输出为 0。

3. 主要元器件说明

1）四 2 输入与非门 74LS00

74LS00 的引脚排列及真值表如图 3 - 45 所示。

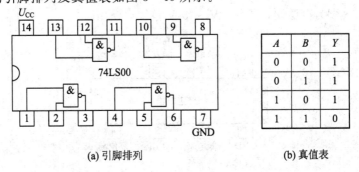

(a) 引脚排列　　　　　　(b) 真值表

图 3 - 45　74LS00 的引脚排列及真值表

2）双 4 输入与非门 74LS20

74LS20 的引脚排列及真值表如图 3 - 46 所示（NC 为空脚）。

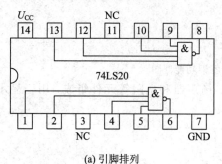

输入				输出 $Y = \overline{ABCD}$
A	B	C	D	Y
$\times$	$\times$	$\times$	0	1
$\times$	$\times$	0	$\times$	1
$\times$	0	$\times$	$\times$	1
0	$\times$	$\times$	$\times$	1
1	1	1	1	0

(a) 引脚排列 (b) 真值表

图 3 - 46　74LS20 的引脚排列及真值表

3）集成 D 触发器 74LS175

74LS175 中有 4 个 D 触发器，时钟端和清零端公共。74LS175 的引脚排列及真值表如图 3 - 47 所示。$4D$、$3D$、$2D$、$1D$ 为数码输入端；$4Q$、$3Q$、$2Q$、$1Q$ 和 4 个反相端 $1\overline{Q}$、$2\overline{Q}$、$3\overline{Q}$、$4\overline{Q}$ 为数码输出端；$\overline{CLR}$ 为异步清零端。

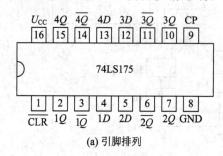

输入			输出
$\overline{CLR}$	CP	D	Q^{n+1}
0	$\times$	$\times$	0
1	$\uparrow$	1	1
1	$\uparrow$	0	0
1	0	$\times$	Q^n

(a) 引脚排列 (b) 真值表

图 3 - 47　74LS175 的引脚排列及真值表

4）555 定时器

555 定时器的引脚排列如图 3 - 48 所示。1 脚为接地端；2 脚为低电平触发端；6 脚为高电平触发端；4 脚为复位端，低电平有效；5 脚为控制端，开路时 $U_5 = \frac{2}{3}U_{CC}$，不用时，经 0.01 μF 滤波电容接地，以防止引入干扰；7 脚为放电端，外接电容元件 C，通过放电三极管放电（多谐振荡器）；3 脚为输出端，输出电流可达 200 mA，直接驱动发光二极管、扬声器和指示灯；8 脚为电源端，可在 5 V～18 V 范围内使用。

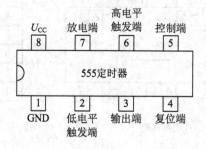

图 3 - 48　555 定时器引脚图

4. 由 555 定时器构成多谐振荡器

由 555 定时器构成的多谐振荡器如图 3-49(a)所示，该多谐振荡器是一种性能较好的时钟源。通过改变电阻 R_1 和 R_2 的值，使输出端 3 获得不同频率的矩形波形信号。

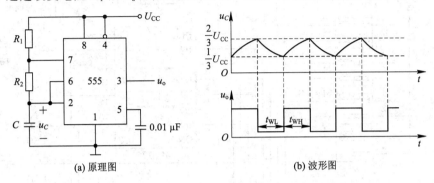

(a) 原理图　　　　　　　　　　　(b) 波形图

图 3-49　用 555 定时器构成的多谐振荡器与波形

接通电源后，电源经过电阻 R_1 和 R_2 向电容 C 充电，电容两端电压上升，当 $u_c > \frac{2}{3}U_{CC}$ 时，触发器被复位，此时输出为低电平，同时 555 定时器内部的放电三极管导通，电容 C 通过电阻 R_2 和放电三极管放电，使电容两端电压下降，当 $u_c < \frac{1}{3}U_{CC}$ 时，触发器又被置位，输出翻转为高电平。

电容器放电所需的时间为

$$t_{WL} \approx 0.7\,R_2 C$$

占空比为

$$q = \frac{t_{WH}}{T} = \frac{t_{WH}}{t_{WH} + t_{WL}}$$

电路中，$R_1 = 5.1\ k\Omega$，$R_2 = 5.1\ k\Omega$，$U_{CC} = 5\ V$，$C = 0.1\ \mu F$，当电容 C 放电结束时，放电三极管截止，电源又开始经过 R_1 和 R_2 向电容 C 充电，电容电压由 $\frac{1}{3}U_{CC}$ 上升到 $\frac{2}{3}U_{CC}$ 所需的时间为

$$t_{WH} \approx 0.7(R_2 + R_1)C$$

当电容电压上升到 $\frac{2}{3}U_{CC}$ 时，触发器又发生翻转，如此周而复始，在输出端就得到一个周期性的矩形脉冲，其频率为

$$f_o = \frac{1}{t_{WH} + t_{WL}} \approx \frac{1.43}{(R_1 + 2R_2)C}$$

$$= \frac{1.43}{(5.1 + 2 \times 5.1) \times 10^3 \times 0.1 \times 10^{-6}}$$

$$= 0.94\ kHz$$

5. 四人智力抢答器实物连接图

根据四人智力抢答器电路原理图，利用画图软件绘制出四人智力抢答器的实物连接图，要求布局合理、美观。四人智力抢答器实物连接图如图 3-50 所示。

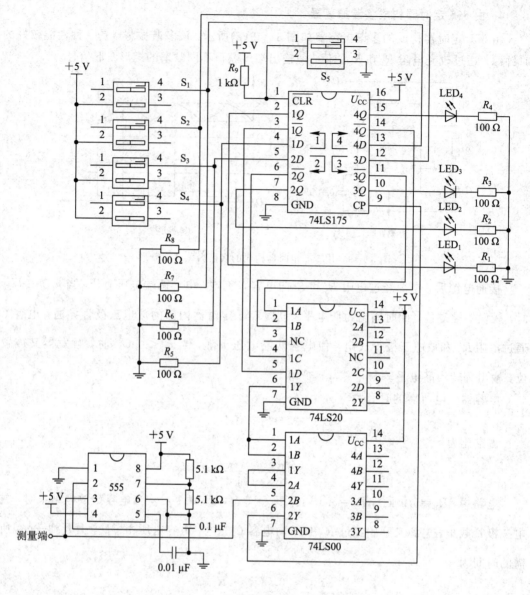

图 3-50 四人智力抢答器实物连接图

四、实训内容

（1）读图：了解用途，化整为零，找出通路，抓住联系，估算指标，熟悉抢答器电路组成及工作原理。

（2）认知元件：掌握 74LS00、74LS20、74LS175、555 定时器等数字芯片的测试与使用方法，熟悉电阻、电容、按键开关和发光二极管的检测方法与作用。

（3）检测元器件：分别按图 3-45～图 3-48 测试元器件的逻辑功能是否正确，逻辑功能正确的元器件可以使用。

（4）安装：根据图 3-50，在万能板上设计出电源正负极，并确定元器件的安装位置；

依次焊接时钟单元电路、数据输入电路、主控单元电路和数据输出显示电路。

（5）直流测量、调试：根据技术指标测量、调试，验证抢答器是否具有分辨和锁存优先抢答者的功能。

（6）故障排除：若抢答器不能正确实现其抢答功能，应分析故障原因，找出解决方法。

电路测试：接通＋5 V 电源，CP 端接由 555 定时器构成的多谐振荡器产生的矩形脉冲。

① 抢答开始前，开关 S_1、S_2、S_3、S_4 均置 0，准备抢答，将开关 S_5 置 0，逻辑电平指示灯全熄灭，再将 S_5 置 1。抢答开始，S_1、S_2、S_3、S_4 某一开关置 1，观察逻辑电平指示灯的亮、灭情况，然后将其他三个开关中的任一个置 1，观察逻辑电平指示灯的亮、灭是否改变。

② 重复①的内容，改变 S_1、S_2、S_3、S_4 中任一个开关的状态，观察抢答器的工作情况。

常见的故障及其处理方法如下：

① 接在开关端的电阻阻值过大，则容易出现不按开关灯都亮的现象。因此，应将电阻阻值改小，一般取 100 Ω。

② 按下开关后不起作用，可能是信号脉冲不起作用。

③ 有时连按几下开关才实现功能，出现此情况是因为 CP 脉冲周期过大。

④ 开关不起作用，发光二极管始终亮着，可能是开关安装有问题。

⑤ 发光二极管的正负极安装反了。

五、实训验收

实训验收标准如下：
（1）满足设计要求。
（2）布局、布线美观，焊点牢固且漂亮。

实训二　数字电子钟的设计与制作

一、实训目的

（1）掌握采用中小规模集成电路组成数字电子钟的方法。
（2）掌握六十进制、二十四进制电路设计与译码显示电路设计的方法。
（3）掌握计时电路的工作原理。
（4）掌握数字系统读图、安装、焊接、调试及故障排除的方法。
（5）掌握元器件的识别及质量检验方法。
（6）学习整机装配工艺，了解一般电子产品的生产调试过程。

二、实训仪器

本次实训所需的实训仪器包括数字电子钟装配用的套件、万用表、逻辑笔等。

三、实训原理

数字电子钟的逻辑框图如图3-51所示。它由石英晶体振荡器、分频器、计数器、译码器、显示器和校准电路组成。石英晶体振荡器产生的信号经过分频器作为"秒"脉冲，"秒"脉冲送入计数器计数，计数结果通过"时""分""秒"译码器译码，由数码管显示出时间。

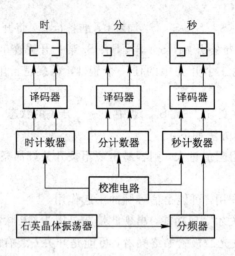

图3-51　数字电子钟的逻辑框图

1）译码显示电路

译码显示电路采用74LS49译码器驱动共阴极数码管LC5011-11。选用不同的译码器的上拉电阻，可以调整数码管的发光亮度。

2）秒、分、时计数电路

秒、分、时计数电路各采用一块74LS390双十进制计数器，并各自分别接成六十进制、六十进制和二十四进制电路，如图3-52所示。

如秒计数电路的F_1，其右边的$(1/2)F_1$是十进制计数器，作秒个位计数，左边的$(1/2)F_1$是六进制计数器，作秒十位计数。用与门G_1反馈归零将它们级联起来，就构成了六十进制的秒计数电路。分计数电路的F_2的接法与F_1相同。时计数电路的F_3，其个位计数和十位计数采用反馈归零法，用与门G_3将它们级联起来，构成了二十四进制计数电路，即当右边的（即个位）$(1/2)F_3$为0100和左边的（即十位）$(1/2)F_3$为0010时，F_3被反馈复0，完成了二十四进制计数功能。

3）秒信号产生电路

石英晶体振荡器的特点是振荡频率准确、电路结构简单、频率易调整。采用32768晶振，用CC4060十四级二分频器进行十四级分频，从其Q_{14}端输出可获得2 Hz的信号，再用74LS293进行一级二分频，即可获得每秒1 Hz的秒信号输出。

在要求不高时，亦可用CC4060和两个电阻R_S、R_T以及一个电容C_T来组成RC方波振荡器和十四级二分频电路。若适当选择R_T、C_T的参数，使振荡器产生的信号频率为16 384 Hz，则从CC4060的Q_{14}端可直接得到每秒1 Hz的秒信号输出，如图3-53所示。

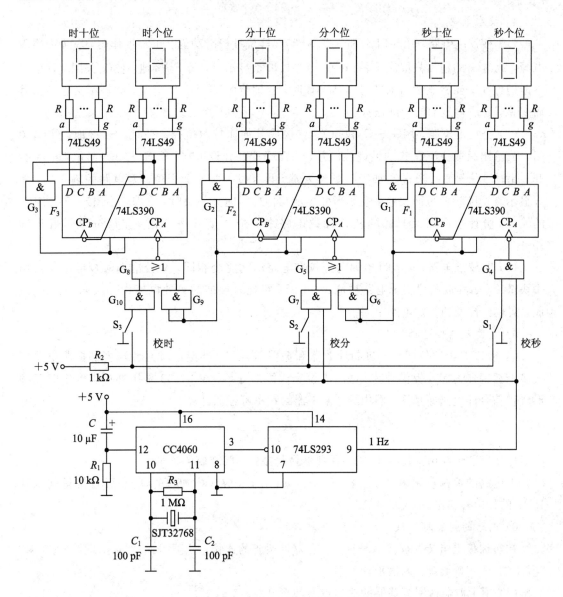

图 3-52 数字电子钟逻辑电路图

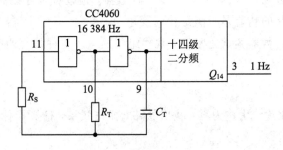

图 3-53 秒信号产生电路

4）校准电路

（1）秒校准电路。用与门G_4和开关S_1实现等待秒校准功能。正常工作时，S_1接$+5$ V电源，此时G_4的输出只取决于秒信号。当要校准秒显示时，将S_1接地，使G_4关闭，秒信号不能通过G_4。当秒显示与标准时间秒一致时，立即将S_1接$+5$ V电源，秒显示又随秒信号而变化，完成秒显示的校准任务。

（2）分校准电路。用$G_5\sim G_7$和开关S_2构成分加速校时电路。平时，S_2接地，使G_7关闭，G_5输出只取决于G_6来的秒进位信号。当需要校准分显示时，将S_2接$+5$ V电源，G_7打开，此时秒信号直接通过G_7加于G_5的输入端，再经过G_5加于分个位计数电路的输入端，使分显示直接随秒信号而快速变化。当分显示与标准时间分一致时，立即将S_2接地，关闭G_7的输入，分计数电路又只能随从秒计数电路来的进位信号而变化，完成分显示的校准任务。

（3）时校准电路。时校准电路与分校准电路结构完全相同。分校准和时校准电路可由一块74LS51集成芯片实现电路功能，74LS51实现时校准的等效电路由G_8、G_9和G_{10}组成，实现分校准的等效电路由G_5、G_6和G_7组成。

5）主要元器件选择

CC4060是十四位同步二进制计数器和振荡器，通过外接定时元件与内部振荡电路组成多谐振荡器为芯片提供时基。电路内设十四级二分频。图3-53是用外接阻容定时元件形成秒信号的电路原理图，图中RC振荡器的频率可近似计算为

$$f=\frac{1}{2.2\,R_T\,C_T}$$

注意应使$C_T\geqslant 100$ pF，$R_T>1$ kΩ，否则不易起振。一般应取$R_S\gg R_T$。

本电路的振荡器频率为16 384 Hz，经14分频，从CC4060的Q_{14}端可直接得到每秒1 Hz的秒信号输出。

6）电路的组装与调试

在实训板上组装并焊接电子钟。注意器件引脚的连接一定要准确，"悬空端""清0端""置1端"要正确处理。调试步骤如下：

（1）用示波器检测振荡器的输出信号波形和频率。

（2）用示波器检查各级分频器的输出频率是否符合设计要求。

（3）将1秒信号分别送入"时""分""秒"计数器，检查各级计数器的工作情况。

（4）观察校时电路的功能是否满足校时要求。

（5）当分频器和计数器调试正常后，观察组装的电子时钟是否能准确正常地工作。

四、实训内容

（1）读图：了解用途，化整为零，找出通路，抓住联系，估算指标，熟悉数字钟电路组成及工作原理。

（2）认知元件：掌握石英晶体振荡器、七段数码管、译码器、CC4060、74LS49、74LS390等数字芯片的测试与使用方法，熟悉电阻、电容、按键开关和发光二极管的检测

方法与作用。

（3）检测元器件：包括功能测试和参数测量。

（4）安装：在万能板上设计、安装元器件，并焊接电路。

（5）直流测量、调试：根据技术指标测量、调试。

（6）故障排除：分析故障原因，找出解决方法。

五、实训验收

实训验收标准如下：

（1）满足设计要求。

（2）布局、布线美观，焊点牢固且漂亮。

参 考 文 献

[1]　张桂芬. 电路与电子技术实验[M]. 北京：人民邮电出版社，2009.
[2]　唐颖. 电路与模拟电子技术实验指导书[M]. 北京：北京大学出版社，2012.
[3]　卜新华. 电工与数字电路基础[M]. 北京：清华大学出版社，2012.
[4]　高艳萍. 电工电子实验指导[M]. 北京：中国电力出版社，2011.
[5]　郭根芳. 电工操作与电子技术实践[M]. 北京：清华大学出版社，2013.
[6]　李莉. 电路与电子技术实训及其仿真[M]. 北京：北京邮电大学出版社，2013.
[7]　张峰. 电工与电子技术实验指导[M]. 北京：人民邮电出版社，2014.
[8]　郭根芳. 模拟电子技术基础实训指导[M]. 北京：北京邮电大学出版社，2014.
[9]　张越. 电工电子常用仪器仪表使用与维护[M]. 北京：电子工业出版社，2014.
[10]　龙胜春. 电路与电子技术基础实验指导[M]. 北京：清华大学出版社，2015.
[11]　蔡春晓. 现代数字电路与逻辑设计实验教程[M]. 西安：西安电子科技大学出版社，2016.
[12]　刘泾. 数字电子技术实验指导书[M]. 北京：高等教育出版社，2016.
[13]　蔡立娟，葛微. 电路与电子技术实验指导[M]. 北京：电子工业出版社，2017.
[14]　张季萌. 现代供配电技术项目教程[M]. 北京：机械工业出版社，2018.
[15]　安会. 数字电子技术基础与实践[M]. 西安：西安电子科技大学出版社，2019.
[16]　储克森. 电工基础[M]. 北京：机械工业出版社，2007.
[17]　杨敬杰. 电工基础[M]. 北京：机械工业出版社，2008.
[18]　陈菊红. 电工基础[M]. 北京：机械工业出版社，2008.
[19]　韦鸿，刘高潮. 数字电子技术[M]. 北京：北京理工大学出版社，2009.